식품 재료학

송주은 · 정수근 · 홍숙경 공저

Food materials science

형설출판사
www.hyungseul.co.kr

PREFACE

머리말

생활수준이 향상됨에 따라 현대인들은 그 어느 때보다 건강에 대한 관심을 많이 갖게 되었고 그 건강을 유지하는 데 가장 중요한 요소 중의 하나인 식재료 또한 자연스럽게 주목을 받게 되었다. 과거에 식품재료는 생명 유지의 수단이 가장 큰 역할이었으나 지금 사람들은 식품재료의 영양성과 안전성 뿐 만 아니라 더 많은 기능들을 원하고 있다.

우리는 식품재료에 대한 정보가 넘쳐나는 사회에 살고 있다. 급속하게 발달된 유통 망, 자유로운 해외방문과 인터넷 등을 통하여 세계 어디에서나 전 세계의 식품재료와 음식을 쉽게 접할 수 있게 되었다. 현대인들은 먹기 위한 여행을 다닐 정도로 먹는 것에 대한 관심도 많아졌다.

우리가 일상적으로 먹는 것이 그 사람의 건강은 물론이고 성격까지도 지배하기 때문에 어떤 식품재료를 어떻게 먹어야 하는 지는 매우 중요하다. 따라서 식품재료의 영양과 특성을 알고 올바르게 선택하는 방법, 더 효과적으로 섭취하는 방법과 저장법까지를 알아야 한다.

저자들은 오랫동안 식품관련 학과에서 강의를 하고 산업체에서 현장경험을 하면서 식품재료에 대한 지식이 얼마나 중요한지를 알게 되었다. 따라서 식품 관련 학과에서 공부하는 학생들이 필수적으로 알아야 하는 식품재료들을 중심으로 곡류, 두류, 서류, 채소류, 버섯류, 육류, 유제품, 어패류, 해조류, 유지류, 조미료와 향신료로 분류하여 그 식품의 원산지와 특징, 성분과 효능 그리고 올바르게 선택하는 방법과 저장법 등을 이해하기 쉽게 정리하였다. 또한 현대인들이 건강을 위하여 더 많이 섭취했으면 하는 채소류와 어패류에 대해서는 더 다양한 종류들을 자세하게 소개했으며 우리에게 그다지 익숙하지 않은 향신료는 이해를 돕기 위하여 사진을 첨부하였다.

오랫동안 자료를 모으면서 준비하였지만 막상 출판하고 보니 아쉬움이 많다. 이 책은 이번에 출판되는 것으로 끝나는 것이 아니라 앞으로도 더 많은 연구와 노력을 통하여 수정, 추가할 것이다.

끝으로 이 책이 출판될 수 있도록 많은 도움을 주신 형설출판사 사장님을 비롯한 관계자 여러분들께 깊은 감사의 마음을 전한다.

저자일동

CONTENTS

차례

Chapter 01 곡 류

Chapter 02 두 류

Chapter 03 서 류

Chapter 04 채소류

Chapter 10 유지류

Chapter 11 조미료

Chapter 12 향신료

CHAPTER

01

곡류

곡류는 식물로부터 얻을 수 있고, 사람의 식량이 되는 물질로 쌀, 밀과 옥수수는 세계 3대 곡물이다. 우리나라에서는 곡류를 미곡, 맥류, 잡곡으로 나누는데 미곡은 쌀을 말하며, 보리, 밀, 호밀, 귀리 등은 맥류에 속하고, 조, 피, 기장, 수수, 옥수수, 메밀 등은 잡곡으로 분류하고 있다.

Chapter 01 곡 류

곡류는 식물로부터 얻을 수 있고 사람의 식량이 되는 물질을 말하는데 그중 쌀, 밀과 옥수수는 세계 3대 곡물에 속한다. 우리나라에서는 곡류를 미곡, 맥류, 잡곡으로 나누는데 미곡은 쌀을 말하며, 보리·밀·호밀·귀리 등은 맥류에 속하고, 조·피·기장·수수·옥수수·메밀 등은 잡곡으로 분류하고 있다.

이들은 환경 적응성이 강하고 다른 식품보다 단위 면적당 생산량이 많으며 당질의 함량이 높고, 맛이 담백하여 주식으로 이용된다. 주식이 되는 곡류는 기후와 토양 등의 재배조건에 따라 조금씩 차이가 있는데, 동남아시아 등에서는 쌀을, 유럽과 중국 북부지방 등 기후가 온난하고 건조한 지역은 밀을, 남아메리카는 옥수수를, 북유럽과 소련 등 한랭하고 척박한 지역은 호밀 등을 가공하여 주로 이용한다.

가공의 형태는 쌀, 보리, 조, 수수처럼 알갱이를 그대로 지니는 형태로 사용하기 위하여 도정하는 방법, 밀, 호밀, 보리처럼 가루로 만드는 방법, 그리고 옥수수처럼 전분으로 제조하는 방법 등이 있다.

곡류가 지니는 식품학적 가치는 열량영양소인 당질을 많이 함유하며, 단백질의 함량이 높은 편이고, 대량생산이 가능하며, 수분 함량이 적어 수송 중 부패·변질이 적고 1차 가공만으로도 식량으로 사용할 수 있다는 것이다.

곡류는 당질이 약 60~70%, 단백질이 약 9~14% 함유되어 있고 지방은 약 2~3%로 적으나 불포화지방산의 함량이 높아 저장시 변패되는 특성이 있다. 또한 인의 함량이 높아 산성식품에 속하며 칼슘이나 철분은 부족하다.

곡류는 생명체이므로 저장기간 동안에도 호흡을 하고 각종 화학반응을 통하여 품질이 저하된다. 따라서 불쾌한 냄새를 유발하고 성분분해에 따른 영양소의 손실, 독소생성 등이 나타나며 심한 경우는 먹을 수 없게 된다.

1 쌀(rice)

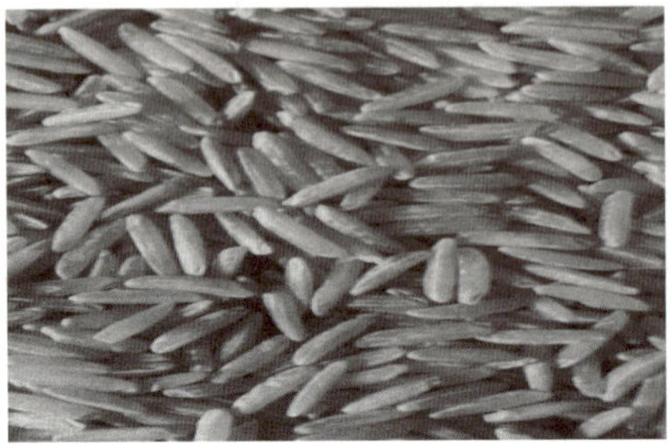

1) 원산지 및 특징

원산지는 중국 서남부, 인도, 인도차이나이다. 쌀이 우리나라에서 재배되기 시작한 시기는 정확히 알 수 없으나 삼한시대 이전으로 추정되며 남인도차이나 또는 중국 대륙을 통하여 전해졌다.

쌀은 크게 3가지 형태로 구분되는데, 일본형, 인도형, 자바형이다. 일본형은 한국, 일본, 유럽과 오스트레일리아 일부 지역, 캘리포니아 등지에서 재배되며, 인도형은 동남아시아 전역에서 재배되고 있다. 자바형은 자바, 수마트라, 필리핀, 중앙아메리카 등지에서 재배되는데, 인도형과 유사하여 인도형에 포함시키기도 한다.

벼의 왕겨를 제거한 것을 현미라고 부르며 현미로부터 종피, 과피, 외배유, 호분층인 강층을 제거하는 일을 도정이라 한다. 강층은 배아와 배유를 보호하는 부분으로 섬유소, 무기질, 단백질, 지질, 비타민류가 다량 함유되어 있으나 도정 과정에서 대부분이 제거된다.

2) 성분 및 효능

배아는 배유의 한 쪽에 붙어 있으며 발아시에 뿌리 싹을 형성하는 부분으로서 단백질, 지방, 무기질, 비타민 B 등이 함유되어 있으나 도정을 할 때 대부분 제거된다. 배유는 쌀의 92%를 차지하는 가식부위로 발아시 양분을 제공하는 부분이다. 도정 과정에서 배아가 모두 제거된 것을 정백미, 겨층과 배아의 70%가 제거된 것을 7분도미, 50% 제거된 것은 5분도미라 한다.

도정이 진행됨에 따라 강층 뿐 아니라 배아도 제거되어, 단백질, 지질, 무기질 및 비타민 B_1의 함유량은 낮아지는 반면 섬유소가 제거되어 소화 흡수율이 향상된다. 쌀의 영양소는 당실이 70~80%를 차지하는데 당질 중 약 75%가 전분이고 그 밖에 덱스트린(dextrin)이나 섬유질로 이루어져 있다. 전분의 구성은 아밀로오스(amylose)와 아밀로펙틴(amylopectin)의 비율이 각각 20~25%와 75~80%를 차지한다. 한편 찹쌀의 경우는 거의 100%가 아밀로펙틴으로 이루어져 있다. 단백질은 백미의 경우 6~7% 함유되어 있고, 주된 단백질은 오리제닌(oryzenin)이며, 라이신(lysine), 히스티딘(histidine), 트레오닌(threo nine), 메티오닌(methionine) 등의 필수 아미노산이 부족한 불완전 단백질이다. 따라서 기타 잡곡과 섞어 먹음으로서 필수 아미노산을 보충할 수 있다.

지질은 백미에 1% 미만으로 존재하며, 배아에는 15~25% 정도가 함유되어 있다. 지방산 조성은 올레산(oleic acid)과 리놀레산(linoleic acid)이 다량 포함되어 있어 우수한 편이며, 배유에 들어있는 라이소레시틴(lysolecithin)이 묵은 쌀 냄새를 유발한다. 무기질은 겨층이나 배아에 많이 함유되어 있으므로 도정율이 높아짐에 따라 함량이 감소된다. 무기질 중에는 인과 칼륨이 많으며, 칼슘과 철분은 거의 들어있지 않다. 비타민 A, C, D도 거의 없으나, 비타민 B_1이 배아와 강층에 많이 포함되어 있다. 그러나 비타민 B_1은 도정된 백미의 배유에는 적게 들어 있으며, 수용성이라 쌀밥에는 거의 존재하지 않는다.

쌀겨는 프로테아제 인히비터(protease inhibitor)를 포함하고 있어, 암의 진행속도를 늦출 수 있고 쌀겨에서 항암물질이 추출되기도 하였다. 또한 쌀겨의 피트산(phytic acid)은 소장에서 필요이상의 칼슘이 흡수되는 것을 억제하여 결석의 예방에도 큰 효과가 있다. 그러나 반대로 칼슘의 섭취가 권장되어야 할 경우에는 쌀겨의 섭취를 줄여야만 흡수가 충분히 이루어질 수 있다.

쌀은 주로 주식으로 이용되는데 쑥은 쌀의 영양소를 보완하기 좋은 식품이다. 쑥에는 칼슘, 섬유소와 비타민 A, B, C의 영양소가 함유되어 있어서 쌀에 부족한 성분을 보완한다. 따라서 쑥을 넣은 떡은 바람직한 조리 가공법이라 할 수 있다. 요즘에는 쑥과 두류 및 견과류를 혼합하여 만든 가공미도 개발되어 있다.

또한 필수아미노산의 보강을 위하여 쌀과 두류의 혼식을 권장하고 있다. 그

밖에도 쌀을 주조용으로 쓰거나 과자의 원료가 되기도 하며, 식혜나 엿 등의 제조에도 이용된다.

3) 선택 및 저장법

좋은 쌀은 쌀알이 부서지지 않고 입자가 고른 것, 쌀알이 맑고 투명한 것, 쌀알에 골이 없으며, 가루가 많지 않은 것, 색이 얼룩 없이 일정한 것, 곰팡이에 의한 적색, 흑색 쌀알이 섞이지 않은 것 등이다.

국산 쌀은 투명하며 쌀알이 짧고 둥글지만 미국 수입쌀은 쌀알의 길이가 길고 지나치게 건조된 것이 많다. 중국 쌀은 쌀알의 형태가 국산 쌀과 유사하나 투명도가 떨어지고, 약간 누르스름한 색이 난다. 쌀을 저장하기 위한 좋은 조건은 온도 10~15℃, 습도 70~80%로 유지할 수 있는 저온 창고가 적합하다.

2 보리(barley)

1) 원산지 및 특징

보리는 재배역사가 7,000~10,000년이나 되며 밀과 함께 세계에서 가장 오래된 작물 중의 하나로 중앙아시아가 원산지로 알려져 있다. 생산지는 러시아, 독일, 프랑스, 영국 등의 유럽과 캐나다, 미국, 중국 등지이며 생산량은 쌀, 밀, 옥수수 다음으로 많다. 우리나라에서도 삼한시대 이전부터 재배되었던 것으로 알려져 있다. 보리의 종류로는 성숙된 후에도 껍질이 종실에 밀착되어 분리되지 않는 겉보리와 성숙 후 껍질이 종실에서 잘 분리되는 쌀보리로 구분할 수 있다. 겉보리를 피맥이라 하는데 일반적으로 보리라 하면 겉보리를 가리킨다.

보리는 파종 시기에 따라 가을에 파종하여 이듬해 수확할 수 있는 가을보리, 늦은 봄에 파종해서 수확하는 봄보리와 어느 계절에 파종해도 이삭을 수확할 수 있는 양절형 보리가 있다.

2) 성분 및 효능

보리의 당질은 70～73%로 쌀보다 함량이 낮으며 그 중 60%가 전분이다. 보리에는 쌀알의 중앙에 세로의 홈이 있는데 이것은 도정에 의해서도 제거되지 않고 남아 있어 섬유소 함량을 많게하고 소화 흡수율을 낮춘다. 한편 조리성 향상 등의 이유로 보리쌀에 고열의 증기를 쬐어 부드럽게 만든 다음, 기계로 눌러서 압맥을 만드는데 압맥은 이러한 과정으로 조직이 파괴되어 통보리쌀보다 소화율을 향상시킨다. 보리의 단백질은 호르데인(hordein)과 글루텔린(glutelin)으로 이루어졌으며, 필수아미노산 중 라이신(lysine)과 트레오닌(threonine), 티로신(tyrosine)의 함량이 적어서 단백질 조성이 우수하지 않다.

또한 보리에는 글루텐(gluten)이 함유되어 있지 않아 보리 가루만으로는 빵이나 면을 제조할 수 없기 때문에 밀가루를 소량 첨가하여 가공한다. 비타민 A와 C의 함량은 지극히 적고 배유 내부에 분포하므로 도정에 의해 손실이 적은 편이며, 보리 중의 비타민 B_1과 B_2는 도정 후에도 비교적 손실되지 않고 남아 있다.

보리의 효능으로는 보리에 함유된 점착성 섬유질인 베타 글루칸(β - glucan)이 혈액 중의 콜레스테롤을 낮추어 주며, 다량의 섬유소는 배변을 용이하게 하여 변비 해소나 대장의 기능 향상에 도움을 준다.

보리는 쌀과 섞어 밥을 짓기도 하고, 라이신(lysine)의 함량을 강화한 밀과 혼합하여 제과·제빵에 이용하면 보리의 영양이 보완되며, 보리의 효능이 빵, 과자가공품에 전이되어 효율적인 제품을 만들 수 있다. 그러나 보리의 가공품인 맥주는 보리의 효능을 함유한 부분이 찌꺼기로 제거되어 보리섭취의 효과는 기대할 수 없다.

3) 선택 및 저장법

보리는 손으로 만져 보아 부드러운 것, 담황색으로 광택이 있는 것, 보리쌀 알이 고르고 둥그스름하며 통통한 것, 껍질이 얇게 도정된 것, 향미가 우수하고 이물질이 포함되지 않은 것이 좋다.

3 밀(wheat)

1) 원산지 및 특징

밀은 기원전 10,000~15,000년경부터 재배되었으며, 아프가니스탄에서 카스피 해안 일대가 원산지로 알려져 있다. 밀은 온대에서 한랭한 지역에 적합한 작물로 알려져 있으나 기후에 대한 적응력이 강하여 지구상에 널리 분포되어 있다.

밀의 종류로는 20여 종이 알려져 있으나, 실제 많이 이용하는 것으로는 90% 이상이 보통밀이고, 5~7%가 마카로니 소맥이라고도 불리는 듀럼밀이다.

밀가루의 품질에 대한 구분은 크게 두 가지로 나눠지는데 첫째로 글루텐 단백질의 함량과 질에 따라 좌우된다. 글루텐 함량에 따라 밀기울까지 포함시킨 전립밀가루(whole wheat flour), 경질소맥으로 만든 강력분밀가루(bread flour), 여러 밀을 배합하여 가루로 만든 중력분밀가루(all-purpose flour), 연질소맥으로 만든 박력분밀가루(cake flour)와 글루텐의 함량이 40% 이상인 글루텐밀가루(gluten flour) 및 비타민 등을 강화시킨 강화밀가루(enriched flour)로 구분할 수 있다. 둘째로 밀가루 입자의 크기와 색을 들 수 있다. 이는 제분조건과 배유부분의 강도에 따라 달라지며 크기에 따라 수분 흡수량과 속도가 달라져 반죽성에 깊이 관여하게 된다. 일반적으로 밀가루의 입자가 고울수록 수화속도가 빨라지며 흡수율이 높을수록 밀가루의 가공성이 향상된다.

2) 성분 및 효능

밀가루의 주 단백질인 글루텐은 점성을 지닌 글리아딘(gliadin)과 탄력성을 지닌 글루텔린(glutelin)으로 이루어져 있다. 아미노산 조성으로는 라이신(lysine)과 메티오닌(methionine), 트레오닌(threonine) 같은 필수 아미노산이 부족하여 영양적으로는 불완전하다. 지방은 겨와 배아에 주로 함유되어 있으며, 배아의 지방 성분에는 항산화력이 있는 비타민 E와 레시틴(lecithin)이 있다. 비타민은 비타민 B 복합체와 비타민 D가 부족하며, 특히 비타민 B_1은 알칼리계 팽창제를 사용하여 빵을 구울 때 거의 손실된다. 무기질은 칼슘과 철분이 상당 부분 부족하므로 강화할 필요가 있다.

한편 밀의 색은 카로티노이드(carotenoid)계와 플라보노이드(flavonoid)계 색소에 의해 나타나는데, 제분 시 표백제의 작용으로 카로티노이드계 색소가 거의 제거되고, 플라보노이드계 색소만 남아 미백색을 나타낸다.

밀의 치료 효과는 통밀의 경우에 주로 나타나는데 히포크라테스는 통밀 빵을 배변제로 사용하였다. 밀기울에 포함된 다량의 섬유질은 수분을 흡수하여 변의 양을 증가시키고 배변을 용이하게 한다. 이는 더 나아가 대장암 발생을 줄이는 데도 효과적이라고 한다.

밀은 주로 제분 공정을 거쳐 밀가루로 가공된 후 제과·제빵, 제면에 이용되는데, 이때 라이신 등의 아미노산을 강화하고, 통밀을 이용한 밀가루를 활용하여, 현대인에게 부족한 식이섬유소를 섭취할 수 있도록 하는 것이 바람직하다.

3) 선택 및 저장법

통밀은 단단하고 입자가 고른 것, 다른 곡식의 낟알이 섞여 있지 않은 것, 부서진 밀알이 섞여 있지 않을 것이 좋다. 수입밀은 씨눈이 뚜렷하지 않고 골이 희미하고 연하며 부서진 낟알이 있거나 다른 곡식의 종자가 섞여 있는 경우가 있다. 밀가루는 순백색 혹은 크림색을 띠는 것, 광택이 있고 독특한 향기가 있는 것, 입자가 가늘고 치밀하며, 덩어리가 없는 것, 손으로 만졌을 때, 촉감이 좋고 감미가 있는 것이 좋은 밀가루이다.

밀을 저장하기 위한 조건은 쌀과 동일하여 온도 10～15℃, 습도 70～80%를 유지하는 것이 좋고, 환기와 통풍이 잘 되도록 하고 벌레를 구제하는 약제를 사용하는 것이 좋다.

4 조(foxtail millet)

1) 원산지 및 특징

조는 아시아가 원산지로 알려져 있으나 일부는 아프리카를 원산지로 추정하기도 한다. 조는 토양이 척박하고 온도가 높으며 가물어 다른 곡류가 재배되지 않는 지역에서도 잘 자라며, 아프리카, 중국, 러시아 등의 일부 지역 주민들의 주식으로 이용되어 왔다. 대체 작물로 활용이 가능한 조는 동양에서 오랜 재배 역사를 지니며, 만주나 한국에서는 예로부터 중요한 곡식의 하나로 여겨졌으나 수확량이 적다.

2) 성분 및 효능

단백질은 9～10%를 차지하며, 프롤라민(prolamin)과 글루텔린(glutelin)이 주된 단백질이다. 필수아미노산 중에서는 라이신(lysine)이 부족하지만, 류신(leucine)은 풍부하게 함유되어 있다. 당질은 72~73%를 차지하며 소화율이 맥류보다 뛰어나다. 따라서 이유식 재료로 널리 사용된다. 무기질로는 인, 칼륨, 칼슘과 철분이 많으며 비타민은 B_1과 B_2가 풍부하다. 섬유질은 2~3%로 비교적 많이 함유되어 있어서 입안에서의 촉감이나 맛은 우수한 편이 아니지만, 배변을 쉽게 하여 변비와 대장암을 예방하는 효과가 있다.

조는 단독이나 다른 곡식과 함께 주류 제조에 사용되며, 우리나라에서는 혼식에 이용되어 왔다. 엿, 떡, 죽, 소주의 원료로 쓰이며, 아시아와 아프리카에서는 식용으로 쓰이지만 유럽에서는 조류의 사료용으로도 이용된다. 특히 칼슘의 함량이 많아 우유가 적게 생산되는 지역이나 이유기 유아, 임산부에게 권장할 만한 식품이다.

3) 선택 및 저장법

좋은 차조를 선택하는 방법은 녹색을 띠며 낟알이 작고, 크기가 고르며 납작한 것이 좋다. 수입차조는 국산에 비해 낟알이 크고 고르지 않으며, 모양이 동글동글한 편이다. 또 낟알의 무게가 국산 차조보다 무겁다.

메조는 색이 노랗고 반짝거리지 않은 것, 낟알이 작고 고른 것, 모양이 약간 납작한 것, 눈의 색이 갈색인 것 그리고 씨눈이 손상되어 있지 않은 것을 선택하는 것이 좋다. 수입메조는 국산에 비해 낟알이 흐린 노란색이거나 굵고 둥근 것, 씨눈이 붉은색에 가까운 것, 씨눈이 붙어 있지 않은 낟알이 많이 섞여 있다. 또 수입산은 국산에 비해 무거운 편이다.

한편 조는 저장성이 우수하여 장기보존으로 인한 맛의 변화가 거의 없으며 병충해의 피해도 적은 편이다.

5 메밀(buckwheat)

1) 원산지 및 특징

메밀은 시베리아의 바이칼호 근처가 원산지로 추정되며 중국과 유럽을 통하여 전파되었다. 주생산국은 러시아와 폴란드이며 서늘하고 습하며 건조 토양이나 개간지에서 잘 자란다. 열매는 익으면 갈색이나 흑갈색 또는 흑색의 삼각뿔 모양을 이루며, 과피가 단단하고 광택을 지니며 벗겨지기 쉽다.

2) 성분 및 효능

메밀의 영양성분은 단백질이 10~12% 있으며, 라이신(lysine), 트립토판(tryptophan) 같은 곡류에 부족되기 쉬운 필수아미노산을 함유하고 있어 단백가가 80인 우수한 식품이다. 지방은 약 2%인데 리놀레산(linoleic acid)도 그 중 5% 이상 포함되어 있다. 당질은 주로 전분으로 이루어져 있으며 아밀로오스가 약 25%를 차지하고 있다. 무기질은 칼슘과 철분, 망간 등이 풍부하게 들어 있고 비타민은 B_1과 B_2이 많으며 영양성분이 균일하게 분포하여 제분 시에 손실되는 양이 적다.

메밀은 아밀라아제(amylase)나 말타제(maltase) 등의 효소를 포함하고 있어 오래 저장하기 어렵지만 소화 흡수가 쉽다. 섬유질을 다량 함유하여 변비 치료에 효과가 있으며, 치질, 대장암의 예방에 도움을 준다. 또한 메밀에 함유된 루틴(rutin)이 혈관 벽의 저항력을 향상시켜 고혈압 환자나 동맥경화증 같은 혈관계 환자에게 권장할 만한 식품이다.

메밀은 증기로 찐 후 껍질을 제거하고 도정하여 메밀쌀로 만든 다음 혼식에 이용하기도 하고, 점성이 거의 없으므로 밀가루나 난백, 마가루 등을 섞어 면으로 제조하거나 묵을 만든다. 메밀가루 반죽을 1시간 이상 저어서 점성이 생기게 한 다음 팬에 기름을 두르고 지지는 지짐으로 먹기도 한다.

3) 선택 및 저장법

좋은 메밀은 삼각형의 모서리가 뾰족하고, 삼각뿔을 이루는 각각의 면이 오목한 것, 작은 꽃자루가 붙어 있는 것이 많은 것, 진한 검정색이며, 낟알이 고른 것 그리고 수산화나트륨 시약을 처리하면 용액의 색이 변하지 않는 것이 좋다. 수입메밀은 삼각형의 모서리가 무디며, 삼각뿔을 이루는 각각의 면이 볼록한 것, 국산에 비하여 덜 여문 것이 적거나 작은 꽃자루가 붙어 있는 것도 적고 진한 검정색을 띤 낟알이 많다. 낟알의 크기는 국산에 비하여 고르다.

6 율무(job's tears)

1) 원산지 및 특징

율무는 동남아시아 대륙이 원산지인 곡류로서 벼과에 속하고, 일년생 또는 다년생 초본이다. 인도의 뱅갈지방이나 미얀마에서는 특히 중요한 작물로 취급되며, 중국이나 한국, 일본에서는 약용 식물로 이용되고 있다.

2) 성분 및 효능

영양성분은 단백질이 21~22%를 차지하며 지방은 3.5~4.0% 함유하고 있어 다른 곡류에 비하여 단백질과 지방의 함량이 높은 편이다. 당질은 약 62%인데 아밀로펙틴의 함량이 높아 찰기가 있다. 한방에서 율무는 부기를 빼거나 식욕을 억제하는 데 사용하며 현대인의 비만 치료에 훌륭한 약용 식물로 꼽힌다. 그러나 변비가 심하거나 소변을 자주 보는 사람, 저혈압인 경우는 많이 먹지 않도록 권하고 있다.

율무는 정백하여 죽으로 하거나 떡으로 이용하며, 동남아시아에서는 술을 만들고, 인도에서는 소맥분과 혼합하여 빵으로 만들기도 한다.

3) 선택 및 저장법

율무는 골의 폭이 좁고, 연한 갈색을 나타내며 씨눈이 붙어 있는 것이 적으며, 윤기가 나는 것이 좋다. 수입 율무는 골의 폭이 넓고, 진한 갈색을 나타내며 씨눈이 붙어 있는 것이 많고, 윤기가 적다.

7 수수(sorghum)

1) 원산지 및 특징

수수는 열대 아프리카 지역이 원산지로 알려져 있으며 30여 종의 품종이 있다. 주 생산지는 인도, 미국, 중국과 아프리카 지역이다. 수수는 재배하기 쉽고 수확량이 많지만, 청산을 함유하여 날 것으로 과량 먹으면 중독 현상을 일으키기도 한다.

생김새는 옥수수와 유사한 형태이다. 열매는 단단하고 광택이 있는 받침 껍질에 싸여 있으며, 열매 속 알맹이의 일부가 노출되어 있다. 종피는 탄닌(tannin)을 함유하여 떫은맛을 낸다. 종피의 색소에 의하여 백색, 황색, 갈색을 나타내기도 한다.

2) 성분 및 효능

수수는 단백질과 지방이 많이 함유된 차수수와 단백질과 지방이 적어서 식용에는 부적당한 메수수, 고량으로 구분할 수 있다. 단백질은 9.5~10.0% 함유되어 있으나, 트립토판(tryptophan)이나 시스틴(cystine) 등의 아미노산이 부족하다. 지방 함량은 약 2.1%, 당질이 약 76%이다. 비타민 B_1이 강층에 다량 함유되어 있으나 도정에 의해 손실된다. 수수는 주로 밥에 섞어먹거나 떡, 엿, 죽, 과자의 제조에 사용된다.

줄기에 당을 10~11% 함유한 사탕수수는 설탕으로 제조하고, 수수의 전분으로 포도당을 만들기도 하며, 공업용 원료나 사료로 사용한다.

3) 선택 및 저장법

차수수는 낟알이 둥글고 고른 것, 반투명한 낟알이 거의 없는 것, 낟알에 붉은 속껍질이 조금 남아 있는 것이 좋다. 수입 차수수는 낟알이 길쭉한 편이고 반투명한 낟알이 8~31% 섞여 있으며 낟알에는 연한 갈색의 속껍질이 남아 있다.

8 옥수수(corn)

1) 원산지 및 특징

옥수수는 남미 안데스산맥 일대가 원산지이며 쌀 다음으로 생산량이 많은 세계 3대 작물 중의 하나이다. 콜럼버스에 의해 전 세계에 전파되었으며, 기후나 토양에 대한 적응력이 뛰어나 재배가 쉽고, 생산량이 많기 때문에 많이 재배된다. 우리나라에서는 전역에 걸쳐 재배가 가능하나 강원도 산간 지대에서 주로 많이 재배된다. 옥수수는 알맹이의 형태와 질감에 따라 구별된다.

표 1-1 옥수수의 종류

종류	특징
감미종 (sweet corn)	• 종자의 과피는 반투명의 초자질로 이루어져 있으며 전분의 일부가 포도당이나 서당으로 변하여 감미가 강한 편 • 옥수수가 짧고 조숙성이며, 식용으로 이용
폭렬종 (pop corn)	• 종자의 과피는 초자질로 매우 단단하나 내부는 부드러움 • 열이 가해지면 수분의 압력에 의해 소리를 내며 폭발하듯이 배유 부분이 노출 • 간식용으로 이용
경립종 (flint corn)	• 과피는 단단한 초자질 전분으로 둘러싸여 있으며 매우 견고 • 낟알이 마치종(dent corn, 馬齒種)보다 작으며 충해를 잘 받지 않고, 저장성이 높음 • 미숙한 것은 간식용으로 이용
마치종 (dent corn)	• 종자의 과피가 두꺼워 식용으로는 부적당 • 건조시키면 요철형상이 나타남 • 알갱이는 흰색과 황색의 2종류가 있음 • 수확량이 많아 사료나 공업용 원료로 이용
나종 (waxy corn)	• 종자 전분의 98%가 아밀로펙틴 • 주로 식용으로 이용
연립종 (soft corn)	• 건조시키면 표면에 주름이 생김 • 백색과 청자색 종이 있음 • 전분제조나 통조림으로 이용

2) 성분 및 효능

옥수수의 주 단백질인 제인(zein)은 필수아미노산인 라이신과 트립토판이 거의 함유되지 않은 불완전 단백질이다. 지방은 배아에 존재하며 분리한 배아로부터 리놀레산의 함량이 높은 옥수수기름을 얻을 수 있다. 당질은 약 70% 함유되어 있으며, 나종(waxy corn)을 제외하고는 아밀로즈가 약 25%, 아밀로펙틴이 약 75%를 차지한다. 비타민 E가 많이 함유되어 있으나 식품의 산화 및 흡수에 필요한 나이아신의 함량이 적어 오랫동안 옥수수만 섭취할 경우 펠라그라(pellagra)라고 하는 피부병을 유발한다. 황색 옥수수에는 비타민 A의 전구체인 크립토크산틴(crypto-xanthin)이 함유되어 있다.

옥수수기름은 불포화 지방산인 리놀레산이 풍부하며 이는 혈액 중의 콜레스테롤을 감소시키는 효과가 있다. 옥수수의 낮은 단백가 및 영양소를 보완할 수 있는 가장 우수한 식품은 우유이다. 옥수수로 만든 콘플레이크를 우유에 타서 먹거나, 빵을 만들 때 옥수수 가루와 우유를 혼합하는 것은 바람직한 방법이다.

옥수수가 구미지역에서는 주로 사료로 사용되지만 아시아, 아프리카 지역에서는 주식으로 이용하기도 하며 우리나라의 경우는 경립종이나 감미종을 완숙되기 전에 쪄서 간식으로 이용하거나 건조시켜 가루로 내어 빵, 과자, 죽 등에 이용한다. 또한 팝콘이나 통조림으로 가공되기도 하며, 공업용으로도 이용하고 있다. 배아는 기름을 짜서 식용유로 이용하기도 한다.

3) 선택 및 저장법

좋은 옥수수의 선택법은 벌레 먹지 않고 입자가 고른 것, 윤기가 많이 나고 껍질이 벗겨진 낟알이 없는 것 등이다. 수입옥수수는 국산에 비해 벌레 먹은 낟알, 부서지거나 껍질이 벗겨진 낟알이 많으며 낟알에 곡식가루 등이 붙어 윤택이 나지 않는 것이 특징이다.

옥수수를 저장할 때는 햇빛 등에 건조하거나 냉동보관한다.

9 호밀(rye)

1) 원산지 및 특징

호밀은 서남아시아가 원산지이며, 한랭한 고지나 척박한 토지에도 잘 적응하여 밀 대신에 재배되기도 한다. 주된 생산지는 러시아, 독일, 폴란드 등 북부 유럽의 여러 나라이며, 이들 나라에서는 호밀을 밀가루보다 중요하게 생각하여 감자와 더불어 중요한 식량 자원이 되고 있다.

외관은 밀과 유사하나 좀 더 가늘고 길며 표면에 주름진 것이 많다. 입자의 질감은 밀에 비하여 단단한 편이며, 종자의 색은 청색과 연한 갈색의 두 종류가 있다.

2) 성분 및 효능

호밀은 단백질이 약 10%이며 이 중 프롤라민(prolamine)과 글루텔린(glutelin)이 각각 40%를 차지하고 아미노산 조성은 히스티딘(histidine)과 시스틴(cystine)이 많으며 라이신(lysine)과 트립토판(tryptophan)의 함량이 적다. 무기질은 칼륨과 인이 다량 들어 있으며 비타민 B군도 풍부하다.

호밀을 주된 식량으로 이용하는 지역에서는 제분하여 빵을 만들어 먹는데, 호밀빵은 글루텐이 형성되지 않아 덜 부풀고 색이 검으며 독특한 풍미를 지닌다. 그 외에 흑맥주나 위스키 등의 양조 원료로도 이용되며, 또한 이삭이 나오면 바로 베어서 동물의 사료로 이용하거나 누룩을 만들기도 한다.

10 귀리(oat)

1) 원산지 및 특징

귀리의 원산지는 중앙아시아 일대로 알려져 있으며 우리나라에는 고려시대 때 원나라가 말먹이로 가져온 것이 재배의 기원이라 한다.

2) 성분 및 효능

귀리 입자는 보리나 밀보다 가늘고 길며 복부에 세로로 홈이 나 있다. 단백질은 13.0~13.5% 함유되어 있으며, 글로불린이 약 80%를 차지하지만 필수 아미노산 중에 라이신의 함량은 적다. 당질이 55.5%이며 단백질, 지방, 비타민 B군도 풍부하여 독특한 맛이 있고 소화율도 높다.

귀리는 식이 섬유소를 다량 함유하며, 이 식이 섬유소는 부피가 큰 변을 만들기 때문에 변비의 예방 및 치료에 효능이 있다. 또한 귀리에 들어 있는 점착성의 섬유질은 담즙산을 제거하여 콜레스테롤의 양을 낮추는 역할을 한다. 귀리는 염증을 유발하는 물질의 생합성을 방해하여 접촉성 습진이나 피부염의 염증을 제거하는 효과가 있다. 이러한 귀리의 능력은 익힌 것에서도 날 것인 것과 유사한 효과를 나타내어 항염증 효과가 큰 것으로 알려져 있다.

귀리의 저장조건은 보리나 밀과 유사하며 저장 중에 수분의 함량을 13% 이하로 하여 저장기간을 연장할 수 있다. 귀리는 대부분이 사료로 쓰이며, 일부는 도정한 후 제분하여 죽을 만들거나, 낟알을 그대로 사용하거나, 고열 증기로 가열하여 플레이크로 만들어 식사용으로 쓰인다.

11 퀴노아(quinoa)

1) 원산지 및 특징

국제연합 식량농업기구에서 쌀을 대체하는 주요 작물이자 완전식품으로 평가받은 퀴노아는 잉카어로 '곡물의 어머니'라는 어원을 가진다. 남아메리카 안데스산맥의 고산지역이 원산지이며 3000~4000년 전부터 재배되기 시작했고 옥수수, 감자와 함께 잉카의 3대 작물이다. 고산지대에서 자라 적응력이 강하기 때문에 척박한 곳에서도 재배가 가능하다.

2) 성분 및 효능

퀴노아는 쌀보다 작은 좁쌀 정도의 크기와 모양을 가지며 120개 이상의 종류가 있다. 흰색, 붉은색, 갈색, 검은색 등 색이 다양한데 가장 흔한 것이 흰색이고 단백질과 칼슘 함량이 더 높은 붉은색 퀴노아는 차가운 샐러드에 주로 이용되며 검은색은 특히 단맛이 강하다.

퀴노아는 나트륨이 거의 없고 글루텐 또한 없기 때문에 알레르기 반응을 일으키지 않는다는 장점이 있어 현대인의 건강식품으로 주목받고 있다. 또한 쌀에 부족한 라이신 등 필수아미노산이 이상적으로 배합되어 있어 식물성 식품으로서는 보기 드문 고단백 식품이다. 쌀에 비해 단백질 2배, 칼슘 7배, 칼륨 6배, 철분 20배, 비타민 B_1이 5배 그리고 비타민 E는 무려 30배나 함유되어 있다.

퀴노아 열매의 껍질에 다량 함유되어 있는 사포닌은 면역력 강화와 항암작용에도 큰 효과가 있다. 풍부한 식이섬유는 소화를 촉진하고 포만감을 높여 다이어트에도 잘 활용되고 있다. 당지수가 낮아 당뇨병 환자에게 좋은 식품이지만 탄수화물 함량이 높은 단점이 있다.

퀴노아는 쌀과 비슷한 방법으로 조리하며 쌀과 함께 먹거나 채소와 곁들여 먹기도 하고 가루를 내어 과자나 음료로 만들기도 한다.

MEMO

CHAPTER

02

두 류

두류는 콩과 식물을 이르는 말로 대두, 팥, 강낭콩 등이 대표적으로 꼽힌다. 두류의 구조를 보면 꼬투리 안에 알갱이가 들어 있고 그 알갱이는 싹, 자엽, 종피로 이루어져 있다. 두류는 함유하고 있는 영양성분에 따라 크게 3가지로 구분할 수 있는데 단백질과 지질의 함량이 높은 대두, 땅콩 등과 당질의 함량이 높은 팥, 녹두, 완두, 강낭콩 등 그리고 채소의 특성을 지닌 청태콩, 미성숙 완두콩, 껍질콩 등으로 나눌 수 있다.

Chapter 02 두 류

두류는 콩과 식물을 이르는 말로 대두, 팥, 강낭콩 등이 대표적으로 꼽힌다. 두류의 구조를 보면 꼬투리 안에 알갱이가 들어 있고 그 알갱이는 싹, 자엽, 종피로 이루어져 있다. 두류는 함유하고 있는 영양성분에 따라 크게 3가지로 구분할 수 있는데 단백질과 지질의 함량이 높은 대두, 땅콩 등과 당질의 함량이 높은 팥, 녹두, 완두, 강낭콩 등 그리고 채소의 특성을 지닌 청태콩, 미성숙 완두콩, 껍질콩 등으로 나눌 수 있다.

두류의 식품학적 가치는 환경에 대한 적응성이 좋으며, 척박한 땅에서도 잘 자라 재배가 쉽고 생육기간이 짧아서 윤작이나 간작을 할 수 있고, 뿌리혹박테리아의 기생으로 땅을 비옥하게 하며, 다른 곡류와는 달리 자엽이 대부분을 차지하고 함유된 단백질은 식물성 단백질임에도 불구하고 생물가가 높은 우수한 단백질로 구성되어 있으며 비타민 B_1과 인, 철분, 칼슘 등 무기질의 급원식품이라는 점이다.

두류는 껍질 부위에 섬유소가 많이 함유되어 있으며 소화율이 낮다. 따라서 소화 흡수율을 향상시킬 수 있는 두부나 두유 등으로 가공되기도 하고 식용유의 원료로 사용하기도 하며, 싹을 틔워서 채소로 이용하기도 한다.

1 대두(soybean)

1) 원산지 및 특징

대두는 만주와 한반도가 원산지이다. 우리나라에서는 쌀, 보리와 함께 중요한 위치를 차지하는 단백질 급원식품이다. 대두는 열대에서 온대 북부지역까지 널리 재배되며, 여름작물로 높은 온도와 습도가 필요하나 재배가 용이하므로 동양에서는 오래 전부터 이용하였다.

콩을 대두라고 부르게 된 것은 콩이 <시경>에 숙(菽)이라는 이름으로 처음 등장하는데 숙의 꼬투리가 나무로 만든 제기인 두(豆)와 비슷하다고 하여 숙이 두가 되었다. 그러다가 팥처럼 알맹이가 작은 콩무리가 들어오게 되면서 작은 것은 소두, 본디의 콩은 대두라 구분하여 부르게 되었다고 한다.

색에 따라서 종피와 자엽의 색이 황색인 누런콩, 백색인 흰콩, 붉은색인 밤콩, 흑색인 검은콩, 녹색인 푸른콩으로 구분된다.

2) 성분 및 효능

단백질은 약 40% 함유되어 있는데 글로불린과 알부민이 주를 이루고 라이신, 이소류신의 함량은 높으며 메티오닌, 시스틴 같은 함황 아미노산의 함량이 다소 부족하지만 대두의 영양 가치는 매우 우수하다. 지방은 필수지방산인 리놀레산이 다량 함유되어 있어 식용유로 가공한다. 대두의 당질은 19～22%를 차지하며 미숙한 것에는 전분이 많으나 성숙한 콩에는 1% 이하로 감소되어 있다. 무기질은 칼륨, 인, 나트륨, 칼슘, 마그네슘이 다량 함유되어 있으며, 비타민 B군은 풍부하나 C는 거의 함유되어 있지 않다.

대두는 식이 섬유소가 많아 변비를 예방하고 치질 등의 질환을 예방하는 데 효과가 있다. 암을 유발하는 화합물의 활성을 방해하는 프로테아제 인히비터(protease inhibitor)가 풍부하여 암 예방에 효과가 있다. 반면에 알파 갈락토시드(alpha-galactoside)라는 콩의 당분을 분해하는 효소가 부족하므로, 장내 가스를 유발시킬 수 있다. 콩에는 트립신(trypsin)의 활성을 저해하는 트립신 인히비터(trypsin inhibitor), 적혈구의 응고를 촉진하는 헤마글루티닌(hemaglutinin)이 함유되어 생 단백질의 소화 흡수가 어렵다. 그러나 가열하면 열에 의해 단백질이 변성함으로써 소화 흡수율이 증가된다.

콩은 조직이 단단하여 조리 후에도 소화율이 70% 이하인 식품이므로 액체 상태로 만들어 두유나 콩국수 국물로 이용되기도 한다. 두부로 가공하거나 떡의 고물, 미숫가루로 활용하기도 하고 생콩가루로 국수나 빵에 첨가하여 영양가를 보완할 수 있다. 또한 인조육으로 개발되어 육류를 대체하는 식품으로도 쓰인다. 콩은 그대로 먹는 것보다는 여러 가지 방법으로 가공을 하면 소화율이 증대된다.

3) 선택 및 저장법

대두는 껍질이 얇고 깨끗한 것, 색이 노랗고 윤기가 많이 나는 것, 눈의 모양이 회색, 미색, 황색의 타원형인 것이 좋다. 수입대두는 국내산에 비해 껍질이 두껍고 거칠며 윤기가 없다. 또 눈의 모양이 미국산은 타원형, 중국산은 흔적으로만 보인다.

콩의 저장을 위한 조건은 수분함량을 11% 이하로 유지하고 저장온도를 낮추며 통풍이 잘 되도록 한다.

2 팥(small red bean)

1) 원산지 및 특징

팥은 우리나라에서 콩 다음으로 수요가 많은 두류이며 원산지는 중국, 한국, 일본 등 동북아시아 지역이다. 생태적 특성에 따라 여름품종과 가을품종 또 줄기가 곧게 서는 보통 팥과 덩굴로 이루어진 덩굴 팥으로 구분 할 수 있다. 덩굴 팥은 생명력이 강하나 품질이 보통 팥보다 떨어지는 단점이 있다. 팥의 꼬투리는 원기둥형이며 털이 없고 성숙된 후에는 담갈색, 흑갈색으로 변하며 그 속에 3~10개의 종자가 들어 있다.

팥의 색은 적갈색인 것이 많지만 품종에 따라 회백색, 담황색, 갈색, 흑색 등 여러 가지로 나타난다. 종자의 구조는 콩과 유사하며 종피가 7~8%, 자엽부가 약 92%를 차지한다.

2) 성분 및 효능

팥에는 당질이 약 56.6%를 차지하며 주로 전분으로 이루어져 있고, 섬유질 약 3.7%, 단백질 약 21.5%이며, 주로 글로불린(globulin)으로 이루어져 있다. 구성 아미노산은 메티오닌(methionine), 시스틴(cystine) 같은 함황 아미노산은 적으나, 라이신(lysine)과 트립토판(tryptophan)은 비교적 많다. 지방은 거의 없으며 무기질에는 칼륨과 인이 많은 반면에 칼슘, 나트륨 등의 무기질은 적은 편이다. 비타민은 B_1이 다른 곡류에 비하여 많으며 팥의 종피가 두꺼워 수분을 흡수하는 데에 걸리는 시간이 걸리기 때문에 중조 등을 첨가하여 조리시간을 단축하기도 한다.

팥에는 사포닌(saponin)이 들어 있으며, 황 화합물이 특유의 냄새를 낸다. 팥의 사포닌은 섬유질과 함께 배변을 용이하게 하며 비타민 B_1은 각기병의 예방과 치료에도 효과가 있고 만성신장염이나 혈액순환을 돕는 데도 이용된다.

쌀의 소화에 반드시 필요한 비타민 B_1이 풍부하여 팥밥은 이상적인 식품 배합의 형태이다. 또 잉어의 내장을 제거한 후 팥을 넣어 고아 먹으면 이뇨 작용을 도와 부기를 내린다. 팥은 팥죽이나 떡의 고물, 양갱, 빙과 제조용으로 많이 쓰이고, 제과용에도 사용되고 있다.

3) 선택 및 저장법

팥은 낟알이 크고 붉은색을 띠며 크기가 고른 것, 낟알이 광택이 나고 흰색의 띠가 뚜렷한 것, 표면에 흰 가루가 붙어 있지 않은 것 그리고 여러 색이 섞이지 않은 것을 선택한다. 수입산은 알의 굵기가 국내산에 비하여 작은 편이고 흙이나 먼지가 묻어 있어 광택이 나지 않으며 약간 바랜듯한 적색을 띤다. 또 흰색의 띠가 짧고, 뚜렷하지 않은 특징을 보인다.

3 ⁄ 녹두(mung bean)

1) 원산지 및 특징

녹두는 인도가 원산지이며 한국, 중국, 인도를 비롯한 아시아 지역이 주산지로 알려져 있다. 녹색을 띤 콩이라는 뜻으로 녹두라 불리며, 열매의 크기는 팥보다 작지만 형태는 팥과 유사하다.

녹두는 숙주나물의 원료로도 사용되며 청포묵, 빈대떡, 떡소나 떡고물, 녹두죽으로도 이용되고 또한 당면의 원료로도 쓰인다.

2) 성분 및 효능

녹두의 주요 성분은 당질이 약 55%를 차지하며, 헤미셀룰로오스(hemicellulose)가 약 3.5% 포함되어 있고 펜토산(pentosan), 덱스트린(dextrin), 갈락탄(galactan)을 함유하고 있다. 단백질은 약 21%를 차지하며 메티오닌(methionine), 트립토판(tryptophan), 시스틴(cystine) 등의 아미노산은 적으나, 류신(leucine), 라이신(lysine), 발린(valine) 등의 아미노산이 풍부하여 영양가가 높은 두류이다.

예부터 녹두는 오장육부의 기운을 조화롭게 하여 환자의 원기를 돋우고 입맛을 되찾는데 이용하였다. 민간에서는 종기가 난 자리에 녹두 삶은 물을 바르면 효과가 있으며 열이 많아 설사를 하는 사람이 녹두를 갈아 마시면 설사가 멈춘다고 하여 활용해 왔다. 그러나 몸이 찬 사람은 많이 먹지 않도록 한다.

3) 선택 및 저장법

녹두는 껍질이 거칠고 광택이 나지 않는 것, 낟알이 작고 짙은 녹색인 것, 물을 흡수하여 팽윤하는 속도가 느린 것이 좋다. 수입산은 껍질이 매끈하고 광택이 많이 난다. 또 알이 국내산보다 크고 물을 흡수하여 팽윤하는 속도가 빠르다.

4 완두(pea)

1) 원산지 및 특징

완두는 지중해 동부에서 남서아시아에 이르기까지의 지역이 원산지이다. 두류 중 가장 서늘한 기후를 좋아하여 추위에 강하기 때문에 우리나라 중부지방에서는 월동이 가능한 특성을 지니며 수분이 충분하면 어떤 토양에서도 재배될 수 있다.

꼬투리는 콩과 유사하나 조금 더 크고 표면이 매끄러운 편이다. 열매는 백색, 녹색, 황색 등 다양하며 표면이 팽팽한 것도 있고 주름이 있는 것도 있다. 한 꼬투리에 5~6개의 열매가 들어 있다.

2) 성분 및 효능

완두에는 단백질이 5%를 차지하고 있는데 주로 글로불린(globulin)이다. 구성 아미노산은 라이신(lysine)과 트립토판(tryptophan)이 다량 함유되어 혼식을 할 경우 일반 곡류에 부족한 아미노산을 보충할 수 있다. 지질 중에는 레시틴(lecithin)이 많고, 당질은 주로 팥과 유사한 전분의 형태로 존재하며, 무기질은 칼슘과 인이 많고, 비타민은 B_1, B_6, 비오틴(biotin), 콜린(choline), 비타민 C가 풍부하다. 또한 콩 껍질째로 먹는 완두는 비타민 C와 카로틴이 풍부하다. 그러나 통조림 가공을 위해 황산 등으로 처리할 경우 대부분의 비타민 C가 손실된다.

완두는 한방에서 오장육부를 이롭게 하고 몸을 조화롭게 한다하여 보양식으로 이용하며, 수용성 섬유질이 풍부하여 배변에 효과가 있다. 완두는 쌀과 섞어 밥을 짓거나 떡, 제과제빵 등에 사용된다. 성숙 전의 푸른 콩은 통조림으로 가공하며 수프, 샐러드 등 음식에 색감을 부여하기 위한 식품재료로 이용되기도 하고 또 사료로도 활용한다.

3) 선택 및 저장법

완두는 표면이 팽팽하거나 고르게 주름이 잡혀 있는 것, 콩보다 꼬투리가 큰 것, 꼬투리의 표면이 매끈한 것, 꼬투리가 탄력이 있는 것 그리고 껍질을 깐 것보다 꼬투리 속에 있는 콩을 선택하는 것이 좋다. 주름이 적고 씨눈이 들어가 있는 것은 수입산이다.

5 강낭콩(kidney bean)

1) 원산지 및 특징

중앙아메리카가 원산지인 강낭콩은 신대륙 발견 이전에 이미 남북 아메리카로 확산되었고 17세기에 유럽 전역으로 확대되었다. 우리나라에는 중국의 남부지방을 거쳐서 전래된 것으로 알려져 있다. 콩의 모양이 인체의 신장(kidney) 형태를 지녀 키드니 빈(kidney bean)이라는 이름을 얻었으며, 종피의 색은 백색, 갈색, 적자색, 청홍색 등을 나타낸다.

2) 성분 및 효능

강낭콩의 주성분은 당질이 61.4%, 단백질이 20.2%이며, 주 단백질은 글로불린(globulin)이다. 필수아미노산으로는 라이신(lysine)과 류신(leucine), 트립토판(tryptophan)이 다량 함유되어 있다. 비타민 B_1과 B_2도 많아서 쌀과 섞어 먹으면 탄수화물의 대사에 도움이 된다.

익지 않은 푸른 꼬투리는 스트링 빈(string bean)이라 하는데 단백질과 비타민 A, B_1, B_2, C 등이 풍부하며 채소로 이용된다. 풋 강낭콩은 꼬투리가 완전히 크기 전에 수확하여야 하는데 꼬투리가 완전히 성숙하면 섬유질이 지나치게 증가하여 꼬투리 상태로 식용이 불가능하기 때문이다. 한방에서 강낭콩은 이뇨작용과 자양 강장 효과가 있다고 하며 특히 몸이 부었을 때 권한다. 또한 섬유질이 풍부하여 변비의 예방이나 치료에도 효과적이다.

강낭콩은 우리나라에서는 혼식에 주로 이용하며 떡의 고물이나 제과제빵에도 이용되고 서양에서는 샐러드의 재료로 또, 돼지고기나 베이컨 등과 함께 요리하여 먹는다.

3) 선택 및 저장법

강낭콩은 선명한 적색이나 적갈색을 띤 것, 윤기가 나며 배꼽이 약간 튀어나온 것, 흰색 타원형의 반점이 뚜렷한 것, 껍질에 약간의 주름이 있는 것이 좋다. 수입 강낭콩은 흙이나 먼지 등이 묻어 있어 윤이 나지 않고 연한 적색을 띤다. 배꼽이 오목하게 들어가 있고 흰색의 타원형 반점 주위가 검은색이며 흰 반점이 뚜렷하지 않고, 껍질이 매끈하다.

6 땅콩(peanut)

1) 원산지 및 특징

원산지는 브라질 등 남미이며 중국을 거쳐 우리나라로 전래되었다. 특이하게 열매가 땅속에서 자라서 땅콩이며 낙화생, 남경두, 향우 등으로도 불린다.

2) 성분 및 효능

단백질 25%, 지질 47%, 탄수화물 16% 외에 칼륨과 비타민 B_1, B_2, 나이아신 등이 풍부한 고지방, 고단백질, 고칼로리 식품이다. 땅콩에는 불포화지방산과 올레인산, 리놀산이 많아 콜레스테롤을 낮추고 동맥경화를 예방해 주며 식물성단백질은 근육형성에도 도움이 된다. 또한 올리고당과 식이섬유는 정장작용을, 비타민 E는 피부미용과 노화방지에 효과적이다. 땅콩 속껍질의 플라보노이드성분은 지방간, 비만, 당뇨 등 대사증후군을 개선하는 역할도 한다.

땅콩에서 추출한 지방은 식용유, 드레싱, 마가린, 피넛버터 등으로 쓰이고 등급이 낮은 기름은 비누나 화장품, 샴푸 등의 원료로 이용된다.

3) 선택 및 저장법

생 땅콩은 직사광선이 들지 않고 바람이 잘 통하는 곳에 저장한다. 깐 땅콩은 볶은 후 밀폐용기 등에 넣어 냉동실에 둔다. 껍질을 벗겨서 보관하면 땅콩의 지방이 산화되기 쉽기 때문에 껍질째 보관하는 것이 좋다.

7 기타 두류

1) 렌틸콩(lentil bean)

우리나라에서 재배되지는 않지만 세계 5대 슈퍼 푸드로 주목받고 있는 렌틸콩은 유럽남부, 지중해 지역이 원산지이며 양면이 볼록해 렌즈 같다고 하여 렌즈콩이라고도 한다. 단백질, 칼슘, 비타민 A, B, 철분, 섬유질 등이 풍부하여 스튜, 카레, 샐러드 등에 많이 이용된다.

2) 병아리콩(chick pea)

병아리콩은 씨의 전체적인 모양이 병아리를 닮아서 붙여진 이름으로 이집트콩, 치크콩이라고도 한다. 유럽, 남미, 인도 등에서 스프, 카레, 샐러드 등으로 많이 먹으며 레바논과 이집트의

향토음식인 후무스의 재료로 널리 알려져 있다. 단백질과 섬유질이 풍부하고 지방은 적은 것이 특징이다.

3) 동부(cowpea)

동부는 이집트가 원산지이며 팥보다 약간 길고 대두보다는 작다. 전분이 주성분이지만 단백질과 비타민 B군이 많이 함유되어 있다. 혈액순환 촉진, 신장보호, 설사와 빈뇨 등에도 효과가 있다. 밥이나 죽, 앙금, 떡고물, 제과 등에 이용된다.

MEMO

CHAPTER

03

서류

서류는 전분이 함유되어 있고 식물의 뿌리나 땅속줄기가 굵어진 것을 말하며 감자, 고구마, 토란, 마, 돼지감자 등이 속한다.

Chapter 03 서류

전분이 많은 서류는 식물의 뿌리나 땅속줄기가 굵어진 것을 말하며 감자, 고구마, 토란, 마, 돼지감자 등이 속한다.

서류의 식품학적 가치로는 단위 면적당 생산량이 많으며, 다량의 다당류나 전분을 포함하고, 단백질이나 지질의 함량은 낮으나 칼슘과 칼륨의 함량이 높은 알칼리성 식품이다. 서류의 비타민은 함량이 낮은 편이나 가열에 의한 손실이 거의 일어나지 않으므로 비교적 안정하다. 서류는 수분을 70~80% 함유하고 있으며 냉해를 받기 쉬워 저장에 많은 주의를 해야 한다. 요즘은 현대적인 시설을 갖춘 냉장창고에 대량 저장하고 있으나, 예전에는 움저장이라 하여 땅을 파고 볏짚이나 겨를 깔고 서류를 넣은 후 환기통을 만들어 덮어 두는 형태를 많이 이용했다.

저장할 서류는 저장성이 우수한 품종으로 숙성이 완전히 이루어진 것을 선택하고, 수분함량이 적으며 상처가 나지 않은 온전한 것을 선택하는 것이 좋다. 또한 발아를 방지하기 위하여 발아 억제제나 방사선을 조사하는 방법이 허용되어 이용되고 있다.

1 감자(potato)

1) 원산지 및 특징

서류를 대표하는 감자는 원산지가 남아메리카 안데스산맥 티티카카호 주변으로 알려져 있으며 잉카족의 주식이었던 것이 유럽을 통해 전 세계로 번져나갔다. 우리나라에는 조선 중기에 중국으로부터 전래되었다.

감자는 척박한 땅에서도 잘 자라므로 쌀, 보리를 재배하기 힘든 지역에서 식량으로 많이 사용되었다. 땅속뿌리의 마디에 전분이 축적되어 끝이 비대해지면서 만들어진 것으로 형태와 표면의 색은 품종에 따라 다양하다.

형태는 구형, 편구형, 타원형, 편타원형, 장타원형, 원통형이 있다. 표면의 색이나 질감 또한 다양하여 황색, 홍색, 황갈색, 적색, 자색을 띠고 있으며, 매끄러운 질감을 지닌 것과 거친 질감을 지닌 것이 있다. 또한 전분과 단백질의 함량 차이에 의하여 맛과 용도가 다른데 감자의 속살색이 흰 것은 전분질을 많이 함유한 분질 감자이고 감자의 살색이 노란 것은 단백질과 무기질을 많이 함유한 점질 감자이다. 우리나라에서 일반적으로 기호성이 높은 것은 분질 감자이다.

2) 성분 및 효능

감자의 성분은 수분이 약 78%, 단백질이 2%를 차지하며, 당질은 18.5%, 섬유질은 0.5%이고 펙틴(pectin)이 포함되어 있다. 무기질은 인이 가장 많으며 칼슘의 함량은 낮은 편이다. 칼륨은 쌀의 4배에 이르는 많은 양을 함유하고 있다. 비타민은 $B_1 \cdot B_2$를 비롯하여 C가 특히 풍부하다. 신선한 감자에는 비타민 C가 약 26mg이 함유되어 있으나 저장 기간 중에 차차 감소되어 평균 18mg 정도가 된다. 특히 감자의 비타민 C는 조리 시에도 매우 안정하여 껍질째로 조리한 경우 40분 이상 가열하여도 3/4 이상이 잔존한다. 그러므로 감자는 겨울철의 비타민 B군과 C의 급원으로 좋은 식품이다.

감자의 씨눈과 껍질은 햇빛을 쪼이면 녹색으로 변하는데, 싹이 나온 감자에는 100g 당 80～100mg의 솔라닌(solanin)이 함유되어 복통, 위장장해, 현기증 등의 증상을 유발하므로 녹색으로 변한 껍질은 모두 제거해서 독소를 없애야 한다.

감자는 섬유질이 많아 혈액 중의 콜레스테롤을 저하시키는 작용을 하며, 심장 질환 등 성인병 예방에 좋은 식품이다. 특히 감자의 껍질 부위에 있는 폴리페놀(polyphenol)의 일종인 클로로제닉산(chlorogenic acid)은 암을 억제하는 효과가 있다. 한방에서는 감자가 혈액을 맑게 하는 작용 이외에 기운을 북돋워 주고 소화기관을 튼튼히 한다고 하여 섭취를 권장하고 있다.

감자는 우리나라 북부 지방에서 주식으로 먹어왔으며, 중부와 남부에서는 간식용으로 이용하고 있다. 엿, 떡, 빵, 감자칩 등의 가공식품으로 이용되고 전분 제조나 주정용, 사료용으로도 사용된다. 또한 세계 각국에서 광범위하게 음식의 주·부재료로 이용되며 녹말의 원료가 되기도 한다.

3) 선택 및 저장법

감자는 알이 굵고 형태가 균일한 것, 싹이 나지 않고 살이 단단한 것, 씨눈이 약간 깊고 살의 색이 흰 것이 좋다. 수확한 후 3개월 정도는 발아하지 않지만 발아한 감자는 영양분이 손실된 것이고 맛도 없다.

잘 보관하려면 4~6월에는 냉장고에 보관하고 나머지 기간에는 감자를 종이 봉투에 넣어 통풍이 잘 되는 서늘하고 어두운곳에 보관하는 것이 좋다. 감자의 저장을 위한 최적온도는 1~3℃이고 습도는 85~ 90%이다.

2 고구마(sweet potato)

1) 원산지 및 특징

고구마는 중앙아메리카가 원산지이며 우리나라에서는 영조 때 일본 통신사로 갔던 조엄이 구황식량이 될 것으로 판단하고 대마도에서 유입된 후 확산되었다. 고구마는 열대와 아열대지방에서 재배가 가능하며 단위 면적당 수확량이 많고 건조하고 척박한 땅에도 잘 적응하는 작물이다. 우리나라에서는 6월부터 출하되기 시작하여 10~11월에 출하량이 가장 많다.

고구마는 품종에 따라 형태가 달라 장방추 또는 방추형이다. 껍질의 색은 함유 색소에 따라 결정되며 적자색, 홍색, 황색, 백색 등의 종류 중에서 우리나라에는 겉은 적자색, 속은 황색 또는 황백색인 품종이 많다.

2) 성분 및 효능

고구마의 일반 성분은 수분이 71~77%, 전분 18~25%, 단백질 0.6~1.4%로 글로불린(globulin)의 일종인 이포마인(ipomain)이 70%를 차지한다. 비타민 B_1과 C가 풍부하며 카로틴과 칼륨도 많다. 또한 서류 중 가장 많은 식물성 섬유질을 지니며, 특수성분인 얄라핀(jalapin)은 고구마 상처 부위에서 볼 수 있는 우유 같은 액체이인데 이것은 고구마의 색을 검게 변하게 한다.

고구마의 베타카로틴(β-carotene)은 폐암 예방에 효과가 있다. 특히 식물성 섬유가운데 고구마의 섬유질은 콜레스테롤 배출 능력이 가장 뛰어나며, 많은 양이 함유되어 있어 배변 효과가 커서 변비가 있는 사람에게 권할 만하다. 그러나 조리된 고구마 100g의 열량이 130kcal나 되므로 비만이나 당뇨병 환자들은 많이 먹지 않는 것이 좋다.

우리나라에서 고구마는 간식으로 주로 이용되며, 주정 제조에 쓰이거나 전분으로 가공되기도 하고, 포도당, 젖산, 구연산 등의 제조 원료가 되기도 한다. 고구마의 연한 줄기는 나물로 이용되며 질긴 줄기와 잎은 동물의 사료로 이용된다.

3) 선택 및 저장법

고구마는 모양이 고르고 병충해의 흠집이 없는 것, 표면이 매끈하고 단단한 것, 진흙에서 자란 것으로 표피 색이 밝고 선명한 적자색인 것, 껍질을 벗겼을 때 육질이 분질이며 단맛이 있는 것을 선택한다.

고구마의 저장 최적온도는 12～13℃이며 상처가 난 것은 부패하기 쉽지만 상처 난 고구마는 31～35℃, 습도 90%인 곳에서 5～6일간 보관하면 상처가 난 곳이 코르크층으로 변하여 세균의 침입을 방지하므로 저장성을 높일 수 있게 된다. 고구마의 저장조건은 13℃, 습도 85～90%가 적당하며 냉장을 할 필요는 없다.

3 토란(taro)

1) 원산지 및 특징

땅에서 나는 달걀이라는 뜻의 토란(土卵)은 인도, 네팔, 인도네시아 반도 등이 원산지로 동남아시아에서는 주식으로 이용하기도 한다. 열대지방에서 나는 타로의 변종이다. 우리나라에도 오래 전에 도입되어 전국 각지에서 재배되고 있으며 가을에 수확하기 때문에 추석 절식으로 알려져 있으며 지역에 따라서는 토란탕을 차례상에 올리기도 한다. 특별한 맛은 나지 않지만 식감이 미끈거리는 것이 특징이다.

토란의 줄기인 토란대는 육개장 등에 빠지지 않는데 그 식감이 고기와 비슷해서 즐겨 넣어왔다.

2) 성분 및 효능

토란은 칼륨이 풍부해 나트륨을 체외로 배출시키고, 비타민 C가 풍부해서 항산화작용을 하며, 끈적임을 일으키는 뮤신과 갈락탄은 소화성은 떨어뜨리지만 체내에서 글루크론산(glucrunic acld)을 만들어 간장이나 신장을 튼튼하게 하고 위산으로 인한 위의 손상을 막아 위의 회복을 돕는다. 또한 갈락탄은 혈중 콜레스테롤을 제거하고 동맥경화를 예방하며 혈압을 낮추는 역할을 한다. 당분을 에너지로 바꿔주는 비타민 B_1은 피로회복의 효과가 있으며 풍부한 식이섬유는 장운동에 도움을 준다.

토란의 옥살산칼슘은 점막과 피부를 자극하기 때문에 맨손으로 만지면 심하게 가렵고 알레르기를 일으킨다. 끓는 소금물에 토란을 넣고 5분 정도 끓이거나 다시마와 함께 요리하면 다시마의 알긴성분이 독성과 아린 맛을 제거한다. 쌀뜨물에 담갔다가 요리하는 방법도 불필요한 성분 제거에 효과가 있다.

3) 선택 및 저장법

토란은 동글동글한 타원형인 것, 머리 부분이 푸른색을 띠지 않는 것, 껍질을 벗기면 흰색을 띠는 것, 싹이 나오지 않고 너무 작지 않은 것, 잘랐을 때 자른 부위가 단단하고 끈기가 있는 것, 촉촉하게 흙이 묻어 있는 것, 표면이 패어 있거나 짙은 적황색 또는 녹색을 띠지 않는 것을 선택한다.

토란을 보관할 때는 물에 적신 키친타올이나 신문지로 싸서 서늘한 곳에 두는데 오래 보관할 경우에는 땅에 묻는 것이 좋다. 음식에 유용하게 쓰이는 토란줄기는 그늘에 말린 후 저장한다.

4 마(chinese yam)

1) 원산지 및 특징

마는 동북아시아가 원산지로 산우, 서여, 산약이라고도 하며 얌과 비슷하다. '산에서 나는 보약', '산에서 나는 장어'라 불리기도 한다. 품종에 따라 장마, 병마, 산마(참마), 단풍마, 천마, 둥근마 등 여러 가지 종류가 있으며 세계적으로 600여종이 있다.

2) 성분 및 효능

무기질 중에는 칼륨과 인, 칼슘이 다량 함유되어 있고 마의 끈적한 물질인 뮤신(mucin)은 당단백질로 정력을 높이는 자양강장제로 이용되고 위를 보호하는 역할도 한다. 아밀라아제가 소화를 촉진시키며 폴리페놀 옥시다아제에 의해 갈변현상이 일어난다.

마는 숙취해소, 혈당저하, 피부미용, 정력강화, 소화촉진, 변비, 설사, 피로회복, 요통, 건위, 동상, 폐결핵, 당뇨병 등에 효능이 있다. 마의 뮤신은 위벽을 보호하여 소화성 궤양의 치료를 돕고 예방하며 장내 유익균을 증가시켜 대장암을 예방하고 식이섬유도 장 속 환경을 좋게 한다. 기억력을 촉진시키는 콜린(choline) 성분, 체내 콜레스테롤 함량과 혈압을 낮추는 사포닌 등도 풍부하다.

마에 함유되어 있는 효소는 열에 약하기 때문에 생으로 먹는 것이 가장 좋지만 그 외에도 죽, 구이, 튀김, 전, 떡 등으로 이용한다.

3) 선택 및 저장법

마는 굵기가 균일하고 도톰한 것, 보기보다 무겁고 요철이 없는 것, 껍질이 벗겨져 있지 않고 흠집이 없는 것, 들어 봤을 때 묵직한 무게감이 있는 것이 좋다. 오래 저장할 때는 햇빛이나 서늘한 곳에서 30분 정도 말렸다가 신문지에 싸서 냉장고에 보관한다.

한꺼번에 수확하여 두면 부패하기 쉬우므로 출하할 때마다 캐는 것이 바람직하다.

5 돼지감자(jerusalem artichoke)

1) 원산지 및 특징

돼지감자는 북아메리카가가 원산지이며 우리나라 전역에 야생하고 있다. 뚝감자, 또는 뚱딴지라고도 한다. 사람은 못 먹고 돼지나 먹는 감자라는 뜻에서의 유래와 뚱딴지처럼 이곳저곳에 마구 돋아나와 밭을 버린다고 해서 붙여진 이름들이다.

2) 성분 및 효능

돼지감자의 이눌린은 사람의 소화효소에 의해 분해되지 않고 장내 미생물에 의해 발효되어 배변기능을 촉진한다. 혈당을 낮추는 기능이 있지만 항당뇨 효과에 대한 연구가 아직 부족한 실정이다. 열량이 낮고 독소를 배출하는 기능이 있어 다이어트식품으로 이용된다.

맛은 특별하지 않지만 과거 먹을 것이 부족했던 시절 주식으로 이용하였다. 생으로 먹거나 조림, 볶음, 찜 등으로 요리하거나 말려서 차로도 먹는다.

3) 선택 및 저장법

돼지감자는 연한 갈색을 띠는 것, 주름 없이 매끈한 것이 좋다. 저장할 때는 땅에 묻거나 서늘하고 통풍이 잘 되는 곳에 두면 오래 먹을 수 있다.

6 야콘(yacon)

1) 원산지 및 특징

남아메리카 안데스 지방의 볼리비아와 페루가 원산지인 야콘은 우리나라에서는 해발 500~600m의 시원한 준 고랭지에서 재배가 적합하다. 고구마와 생김새는 비슷하지만 맛은 마와 배가 섞인 맛이라 '땅속의 배'라고 부른다. 생으로 먹으면 아삭하고 달콤한 맛을, 열을 가하면 연근 같은 식감이 난다.

2) 성분 및 효능

야콘은 수분이 80% 이상이며 식이섬유, 칼슘, 칼륨, 나트륨과 마그네슘 등 무기질이 풍부한 알칼리성식품이다. 식이섬유의 하나인 이눌린이 많아 수확 후 실온에 두면 이눌린이 과당으로 바뀌면서 단맛이 증가한다. 저칼로리식품이며 올리고당의 일종인 프락토올리고사카라이드(fructooligosaccharides)가 들어 있어서 당뇨병환자의 당 조절에 효과적이다. 야콘은 뿌리뿐 만 아니라 잎도 섭취할 수 있는데 풍부한 식이섬유로 인하여 변비에 탁월한 효과를 보인다.

껍질을 벗겨 즙, 샐러드, 생채로 먹거나 튀김, 전 등으로 주로 먹으며 야콘의 전분으로 냉면을 만들기도 한다.

3) 선택 및 저장법

야콘은 모양이 울퉁불퉁하지 않고 물방울 모양인 것, 표면이 매끄러운 것, 흙이 묻어 있는 것, 눌러봤을 때 단단한 것이 좋다.

후숙이 끝난 야콘을 오래 보관할 때는 비닐에 싸서 냉장고에 둔다. 실온에 두면 수분이 날아가 신선도가 떨어진다.

7 카사바(cassava, tapioca)

1) 원산지 및 특징

남아메리카가 원산지이며, 콜럼버스의 신대륙 발견 이후 세계 각지로 전파되었다. 현재의 재배 지역은 위도 남·북 30도 이내이며, 기온 27~28℃의 고온지역으로 주된 생산국은 브라질, 태국, 인도네시아 등이다. 카사바는 타피오카(tapioca), 마니오크(manioc)라고도 불린다.

카사바는 청산의 함유 부위에 따라 분류할 수 있는데 청산을 구성성분으로 하는 라미나린(laminarin)이 껍질 부분에 들어 있는 감미종과 전체 부위에 퍼져 있는 고미종으로 나눈다. 뿌리의 크기는 품종이나 재배 조건에 따라 크게 차이가 나지만 보통 길이 30~120cm, 지름 4~5cm, 무게 1~8kg이다.

카사바는 껍질이 매우 두꺼워서 일반 필러로는 어렵다. 카사바를 조각으로 자른 다음 절단면으로부터 칼집을 내어 껍질을 벗기면 비교적 쉽게 손질할 수 있다.

2) 성분 및 효능

카사바는 다른 서류에 비하여 단백질 함량이 크게 떨어지며 당질이 많은 전분질 식품이다. 카사바 중 감미종은 고구마처럼 삶아 식용하는데 고구마에서 단맛을 제거한 듯한 맛이 난다. 고미종은 발효시킨 후 탈수 건조하여 분말을 만들거나, 뿌리를 잘게 잘라서 건조시켜 칩으로 만든 후 물에 담갔다 건조시켜 전분을 씻어 내는 타피오카 추출법을 이용하여 빵으로 가공하여 먹는다. 총생산량의 약 95%가 식용으로 이용되며 가축사료용, 의약품, 섬유공업용품의 재료로도 사용된다.

3) 선택 및 저장법

카사바는 만졌을 때 단단하고 무른 부분이 없는 것이 좋으며 회색, 파란색을 띠거나 카사바 냄새가 강하게 나는 것은 피하는 것이 좋다.

카사바를 보관할 때는 손질된 카사바를 물에 담근 후 그릇째 밀봉하여 냉장보관하면 3~4일 신선도를 유지할 수 있다.

CHAPTER

04

채소류

채소류는 뿌리나 잎, 줄기 또는 열매를 먹기 위하여 기르는 식물이다. 먹는 부위에 따라 크게 경엽채류, 근채류, 과채류로 구분한다.

Chapter 04

채소류

채소류는 뿌리나 잎, 줄기 또는 열매를 먹기 위하여 기르는 식물이다. 먹는 부위에 따라 크게 경엽채류, 근채류, 과채류로 구분한다.

채소의 식품학적 가치로는 일반적으로 수분의 함량이 90% 이상으로 독특한 풍미를 지녀서 식욕을 증진시키며, 비타민과 무기질의 공급원이 되고, 다량 함유된 식이섬유는 소화기의 기능을 도와주는 역할을 하며, 다양한 색채는 시각적으로 식욕을 촉진시킨다.

채소류는 생육 온도가 15~30℃로 봄철과 가을철에 주로 생육하며, 생육기간은 2개월에서부터 10개월 정도가 소요된다. 채소의 수요량은 인구의 증가와 경제 수준의 향상에 따라 증가하는 추세이며 우리나라에서 가장 많이 소비되고 있는 채소는 배추와 무이다. 그 다음이 호박, 오이, 양파, 파 등의 순서로 나타났다.

채소류는 수확 후에도 증산작용과 호흡작용이 왕성하게 일어나므로 쉽게 품질이 저하된다. 따라서 저장시 온도를 낮추어 대사작용과 화학반응, 호흡작용을 억제하며 향기성분의 손실을 적게 하는 방법을 사용한다. 그러나 0℃이하에서는 냉해를 입기 때문에 냉장창고에서 10℃내외로 온도를 조절하거나 온도와 습도를 인위적으로 조절하는 방법이 좋으며 움 저장과 유사한 환경을 만들어주는 것이 좋다. 각각의 채소는 생리작용에 따라 저장의 최적온도와 습도가 각각 다르므로 주의를 기울여야 한다.

저장용 채소는 저장성이 좋은 품종을 선택해야 하고, 수분 함량이 적고 상처가 나지 않은 것이 좋으며 잘 숙성된 것을 선택해야 한다.

1 경엽채류

경엽채는 가장 채소다운 채소라 할 수 있으며 본래 잎을 먹는 배추, 양배추, 양상치, 쑥갓, 갓 등을 일컫는 엽채와 줄기를 먹는 아스파라거스, 죽순, 땅두릅 등 경채 및 화경을 이용하는 브로콜리, 콜리플라워 등이 있다.

1) 배추(chinese cabbage)

(1) 원산지 및 특징

배추는 우리나라 사람들에게 반드시 필요한 채소이다. 배추의 야생종은 지중해지역, 중앙아시아 등에 분포하였으나 중국으로 유입되면서 채소로 개량되었기 때문에 원산지는 중국이라고 할 수 있다. 16세기 초에 우리나라에 유입되었고 많은 품종개량이 이루어져 오늘날 배추의 형태가 되었다.

배추의 품종을 재배기간에 따라 나누면 생육기간 60일 미만인 조생종, 약 65일 정도인 중생종, 70~75일 정도인 만생종으로 나뉘며 포기의 형태에 따라서는 결구형, 반결구형, 불결구형이 있는데 결구형은 각각의 배추 잎이 중심부에 모이고 잎이 겹치지 않는 포합형과 양배추처럼 잎이 넓게 자라 서로 덮이는 포피형으로 구분한다.

(2) 성분 및 효능

배추는 수분이 90~96%를 차지하며 열량을 내는 영양소는 함량이 낮다. 비타민 C가 많아 피로회복과 감기예방에 이롭고 풍부한 섬유소는 변의 양을 증가시키고 장의 운동을 촉진시켜 정장작용에 효과가 있다. 칼륨이 많아 염분을 체외로 배출시키고 부기를 내려준다.

배추를 삶으면 유황냄새가 나는데 이는 황화합물이 가열에 의해 분해되어 황화수소가스와 기타 황화합물을 형성하기 때문이다. 배추는 김치 외에도 국이나 찌개, 전에 이용되며 중국요리, 일본요리에서도 부재료로 쓰인다.

(3) 선택 및 저장법

배추는 중간 정도 크기가 좋고 육질이 연하고 단맛이 많은 것, 무거운 것, 배추 잎을 씹어 봤을 때 고소한 맛이 나는 것, 결구의 상태가 모나지 않고 둥근 것, 녹색 잎이 많은 것, 배추의 뿌리 부분이 싱싱한 것, 줄기의 흰 부분을 눌러 보았을 때 단단하고 탄력이 있는 것, 줄기가 억세지 않고 섬유질이 뚜렷하지 않은 것, 배추 잎이 넓고 그다지 두껍지 않은 것이 좋다,

배추의 저장조건은 0~3℃의 온도와 95% 습도가 바람직하며 이를 위해 움 저장을 하거나 폴리에틸렌 등으로 밀봉하여 0~10℃로 저장하는 것도 좋다. 가정에서 저장하는 경우에는 신문지에 여러 겹 싸서 서늘한 곳에 밑 둥을 아래쪽으로 가도록 세워서 보관한다.

2) 양배추(cabbage)

(1) 원산지 및 특징

양배추는 유럽의 북해 지중해 연안이 원산지이며 야생종은 케일과 유사한 불결구 타입이었으나 유럽으로 확산되면서 13세기경에 현재와 유사한 결구형으로 개량되었다. 기원전 4000년경 그리스에서는 약용으로 사용했다고 한다.

양배추는 300여 종이 있으며 파종하는 시기에 따라 분류하면 봄 파종, 여름파종, 가을파종 품종으로 나뉜다. 봄파종 품종은 봄부터 초여름에 종자를 뿌리고 여름부터 가을에 수확하는 품종으로 고원 양배추라고도 불린다.

여름파종 품종은 여름에 종자를 뿌리고 겨울에 수확하는 품종으로 추위에 강하고 잎이 단단하게 감기며 삶아도 쉽게 물러지지 않아 요리용으로 많이 쓰인다. 가을 파종형은 가을부터 겨울에 종자를 뿌리고 초봄에서 초여름에 수확하는 품종으로 잎이 부드러우며 안쪽까지 녹색을 나타내고 생식용으로 많이 이용된다.

(2) 성분 및 효능

양배추에는 수분이 94~95%를 차지하며, 당질은 생육시기에 따라 차이가 있어 11월, 12월, 3월, 4월에 수확되는 양배추의 당질 함량이 높다. 비타민 C와 U도 많이 들어있는데 비타민 U는 위점막을 보호하여 위궤양과 위염을 예방한다. 그 외에도 라이신(lysine) 등의 아미노산, 섬유소, 칼슘, 인, 철분과 비타민 A, B_1이 다량 함

유되어 있고 황 성분인 배당체에 의해 독특한 향미를 낸다.

양배추는 한방에서 오장과 관절을 이롭게 하며, 육부를 조절하고 골수를 보하며 귀와 눈을 밝게 한다. 또한 양배추를 생식하거나 쥬스로 먹을 경우 함유된 비타민의 영향으로 위궤양, 십이지장 궤양에 효과가 있지만 설사를 자주 하는 사람은 피하는 것이 좋다. 섬유소가 많아 결장암, 담석증을 예방하고 대·소변 배설에 효과가 있다.

양배추는 샐러드나 볶음, 절임, 쌈, 김치, 녹즙 등으로 만들어 먹지만 생으로 먹는 것이 좋다. 서양에서는 요구르트, 올리브와 함께 3대 장수식품으로 알려져 있으며, 사워크라우트 등의 절임, 수프, 전골, 찜 등의 부재료로 이용된다. 양배추의 겉잎과 속의 심 부분은 영양이 많기 때문에 샐러드 등으로 활용한다.

✣표 4-1 유사 양배추

종류	특징	모양
싹 양배추 (brussels sprouts)	• 양배추 중에서 가장 오래된 것 • 줄기에 방울형태로 달림 • 수분이 88~90%이며 비타민 C가 풍부 • 맛은 양배추보다 약간 진하며 느끼한 맛이 특징 • 데쳐 쓴맛을 뺀 후 스튜나 조림, 냄비요리 등에 이용	
콜리플라워 (cauliflower)	• 꽃양배추라고도 함 • 녹색, 진홍색이 있는데 흰색에는 비타민 A와 베타카로틴이 비교적 적음	
자색 양배추 (red cabbae)	• 보통 양배추와 동일한 종류로 취급 • 잎의 표면이 안토시안계 색소에 의하여 적자색을 나타내고 잎의 단면은 흰색을 띰 • 피클이나 샐러드 등 생식용으로 주로 이용	
브로콜리 (broccoli)	• 꽃봉오리와 꽃줄기를 먹는 것으로 크기가 클수록 단맛이 강함 • 꽃봉오리에는 카로틴, 비타민 B_1, B_2, C가 풍부 • 샐러드, 수프로 먹거나 고기요리에 곁들임	

(3) 선택 및 저장법

양배추는 색이 선명하고 윤기가 나는 것, 속이 단단하고 무거운 것, 완전한 결구상태이고 겉껍질이 깨끗한 것, 뿌리 쪽이 튀어나오지 않은 것, 반을 나누어 판매하는 것은 속이 가지런한 것을 선택한다.

양배추는 겉잎의 끝 부분과 심이 있는 부분이 시들거나 썩어가므로 겉잎을 떼지 않고 보관하는 것이 좋다. 오랫동안 보관하려면 신문지에 싸서 어둡고 서늘한 곳에 두는 것이 좋으며, 냉장고에 보관할 때는 뿌리 부분을 도려내고 물에 적신 솜이나 신문지를 그 부분에 채워 두면 수분이 보충되어 싱싱하게 보관할 수 있다.

3) 시금치(spinach)

(1) 원산지 및 특징

시금치는 페르시아지역이 원산지이며 당나라 때 중국에 전해져서 현재에는 전세계적으로 널리 재배되고 있다. 우리나라에는 1500년대에 전래된 것으로 알려져 있으며, 재래종은 잎사귀가 작고 뿌리 부분이 분홍색을 띠며 주로 봄에 수확한다. 서양종은 잎사귀가 크며 가을에 수확한다.

파종하는 시기에 따라 봄(4~5월)에 파종하는 봄품종, 여름(6~8월)에 파종하는 여름품종, 가을(9~10월)에 파종하는 가을품종으로 나뉘며, 수확까지는 35~50일이 필요하다. 겨울시금치는 잎이 두껍고 길이가 짧으며 향이 진하다. 여름시금치에 비해 비타민 C가 3배나 많아서 1년 내내 먹을 수는 있지만 겨울이 제철이다.

(2) 성분 및 효능

시금치에는 단백질이 3% 함유되어 있으며 아미노산은 곡류에서 결핍되기 쉬운 라이신(lysine)과 트립토판(tryptophan), 시스테인(cystein)이 다량 함유되어 있다. 비타민 A, B_1, B_2, C, 칼슘, 철분, 엽산, 식이섬유도 풍부하다. 비타민 A는 눈의 피로를 해소하고 시력감퇴를 예방한다. 비타민 C는 재배시에 햇볕을 많이 볼수록 함량이 많아지나 수확 후에는 저장온도가 높고 저장기간이 길수록 파괴량이 많아진다.

철분과 엽산은 빈혈을 예방하고 분홍색 뿌리부분에 함유된 망간은 피를 만드는 데 필요할 뿐 아니라 체내에 쌓인 요산을 몸 밖으로 배출시킨다. 수산은 데치는 과정에서 제거되지만 많이 먹으면 칼슘과 결합하여 체내에 결석을 만들 수 있다. 그러나 그것은 매일 많은 양의 시금치를 섭취할 경우 발생할 수 있는 문제이다.

시금치 잎은 매우 부드럽고 소화가 잘 되므로 노인이나 어린이에게 권할 만한 식품이다. 삶을 때는 다량의 뜨거운 물에 소금을 약간 넣고 뿌리부터 넣어 뚜껑을 연 채로 살짝 삶고 찬물에 식혀 나물로 이용하기도 하고, 국이나 죽을 끓일 때 넣기도 하며, 샐러드 등으로 이용하기도 한다. 외국에서는 통조림으로 가공하거나 냉동하여 사용한다.

(3) 선택 및 저장법

시금치는 줄기와 잎이 진한 녹색을 띠고 신선한 것, 강인한 줄기가 없고 부드러운 것, 꽃이 피지 않은 것, 잎사귀가 얇고 줄기는 도톰하며 윤이 나고 벌레가 먹지 않은 것, 어린잎이 너무 많지 않고 떡잎이 적은 것, 뿌리를 잘랐을 때 단면이 싱싱하고 윤이 나는 것, 한 뿌리에 잎이 많이 달려 있는 것, 잎의 길이가 짧고 뿌리는 굵고 붉은 빛이 진한 것이 좋다.

4) 부추(leek)

(1) 원산지 및 특징

부추의 원산지는 동아시아 중국 일대로 알려져 있으며 우리나라는 삼국시대부터 재배된 것으로 추정된다. 추위와 더위에 잘 견디고 우리나라 전국에 걸쳐 재배되며 연중 7~8회의 수확이 가능하다. 부추는 대엽과 소엽으로 구분할 수 있는데, 대엽은 잎이 납작하고 큰 편이며 더위에 약하다. 소엽은 잎이 둥글고 가늘며 더위와 추위에 잘 견딘다.

(2) 성분 및 효능

비타민 A, B_1, B_2, C가 다량 함유되어 비타민의 보고라고 일컬어지고 있으며 철분도 다른 채소에 비하여 많이 들어 있다. 부추의 독특한 향기의 성분은 알릴설파이드(allyl sulfide)로 이는 체내에 흡수되어 자율신경을 자극하여 에너지 대사를 높인다. 체내의 활성산소를 제거하는 비타민과 베타카로틴이 풍부하고 칼슘, 칼륨도 많아 항암작용, 항노화작용에 효과적이다.

부추는 양기를 회복시켜 준다하여 기양초라고 부르며 체력이 떨어지거나 기운이 없고 가슴이 답답하거나 허한 기운이 있을 때 뚜렷한 효과가 있지만 몸에 열이 많고 얼굴이 붉은 사람은 많이 먹지 않는 것이 좋다. 부추의 따뜻한 성질을 내는 알리신(allicin)은 자율신경을 자극해서 에너지를 높여주고 소화를 돕고 항균작용을 하며 매운맛을 내는 황화알릴은 간 기능을 좋게 한다.

음식으로 이용될 때는 부추김치나 김치의 부재료, 무침류로 이용되며, 부추잡채, 부침류 등의 재료로도 사용된다. 약으로 이용할 때는 잎을 달이거나 즙을 짜서 먹으며, 씨를 말려서 한약재로 사용하기도 하는데 봄 부추가 약성이 더 좋은 것으로 알려져 있다.

(3) 선택 및 저장법

부추는 몸통 줄기가 통통하고 흰 부분이 긴 것, 잎, 줄기의 색이 선명한 것, 꽃망울이 없고 잎이 마르지 않은 것, 특유의 향취를 지닌 것, 뿌리의 절단면이 윤기 있고 싱싱한 것을 고르는 것이 좋다. 수입부추는 국산에 비해 몸통 줄기가 길고, 흰 부분이 부추 길이의 1/2 이상을 차지하며 향은 국산 부추에 비하여 약하지만 단맛이 강하다.

부추는 쉽게 상하므로 오래 보관하려면 신문지를 넓게 펴고 부추를 신문지 넓이만큼 펼쳐서 잎이 눌리지 않도록 가볍게 말아 냉장실에 보관한다. 이 때 물을 뿌려주면 빨리 상하므로 물은 뿌려 주지 않는 것이 좋다.

5) 근대(chard betts)

(1) 원산지 및 특징

근대는 남유럽 지중해 연안이 원산지이며 우리나라에 들어온 시기는 정확하게 알 수 없지만 조선시대 <증보산림경제>에 뿌리와 줄기로 국을 끓여 먹는다고 기록되어 있다.

줄기를 잘라 식용하면 곧 새순이 돋아나 사철 이용할 수 있는 생명력이 강한 채소이다. 줄기에 붉은색을 띠는 것은 적근대로 주로 샐러드 등에 이용한다.

(2) 성분 및 효능

단백질 함량은 적으나 라이신(lysine), 페닐알라닌(phenylalanine) 등의 필수 아미노산을 많이 함유한다. 칼슘과 철분 등 무기질의 함량이 많아 성장 발육이 늦은 어린이에게 매우 좋고 비타민 A가 풍부하여 밤눈이 어두운 사람에게 도움이 된다. 여름철 밭에서 자란 것이 가장 영양성이 우수하다. 송나라때 본초책인 <가우본초>에 의하면 근대는 속을 보호하고 기를 내리고 비위장 소화기 기능을 이롭게 한다고 하여 소화기능이 약하여 식욕이 없고 춘곤증을 잘 느끼는 사람에게 좋다고 하며 잘 토하거나 체하고 설사가 잦은 사람에게 효과가 있다고 한다.

근대는 시금치와 동일한 방법으로 요리를 하며 줄기가 다소 억세므로 살짝 벗겨내면 좋다. 나물이나 국으로 끓여 먹으며 쌀과 함께 죽을 쑤어 먹기도 한다.

(3) 선택 및 저장법

근대는 잎이 넓고 부드러운 것, 줄기가 통통하며 지나치게 길지 않은 것, 잎이 상한 곳 없이 광택이 있는 것이 좋다.

6) 상추(lettuce)

(1) 원산지 및 특징

상추 또는 상치라고 한다. 기원전 4500년경 고대 이집트 피라미드 벽화에 처음 등장하고 우리나라에는 삼국시대에 무와 함께 들어왔다고 한다. 일년생 초본으로 지중해 연안부터 서아시아에 걸쳐 널리 분포하며, 생육기간이 매우 짧고 내한성이 비교적 강하므로 연중 공급이 가능하다.

✣ 표 4-2 상추의 분류

종류	특징	모양
코스레터스 (cos lettuce)	• 에게해의 코스섬이 원산지 • 잎이 긴 타원형, 끝이 가늘고 녹색 • 어린잎은 부드럽고 단맛과 약간의 쓴맛을 지님 • 배추와 유사	
크리프스형 (crips type)	• 연한 녹색인 결구형 상추로 사각사각하는 소리에서 유래된 이름 • 입맛의 서구화에 따라 수요가 급증	
버터형 (butter type)	• 잎이 부드럽고 윤기가 있어서 버터형이라 함 • 잎의 색은 녹색 또는 자색	
리프 레터스 (leaf lettuce)	• 잎상추, 꽃상추라고도 함 • 잎의 굴곡이 심하고 주름이 많음 • 잎이 매우 연함	
자른상추 (cutting lettuce)	• 줄기 상추의 일종 • 상추가 자람에 따라 잎을 순차적으로 따서 사용 • 잎이 흐물거리지 않아 쌈으로 좋음	
줄기상추 (stem lettuce)	• 아시아에서 발달한 양상추 • 중국요리용으로 주로 재배 • 길게 뻗은 줄기의 껍질은 벗겨서 사용	

(2) 성분 및 효능

상추는 날 것으로 먹기 때문에 조리에 따른 영양 손실이 적다. 사과산과 구연산 등을 함유하고 있어 상큼한 맛이 나며 특히 비타민 A가 많고, 비타민 E가 포함되어 있으며 의외로 비타민 C는 적은 편이다. 무기질의 경우도 철분과 칼슘이 많이 포함되어 있다. 또한 경엽채류 중 칼륨과 나트륨의 함량이 낮은 편이며 페놀 성분이 함유되어 있어 갈변을 일으킨다.

상추를 먹으면 잠이 온다는 속설이 있는데 이는 상추 줄기에 있는 우유빛 유액에 함유된 일종의 알칼로이드(alkaloid) 성분이 실제 신경안정 작용을 하는 것으로 불면증에 유효하다. 한방에서는 식욕을 촉진시키고 가슴이 답답한 사람이 먹으면 편안해지며 머리가 맑아진다고 한다. 그러나 설사를 자주 하는 사람은 피하는 것이 좋다고 한다. 상추는 알칼리성 식품이므로 산성식품인 육류와 함께 샐러드나 쌈으로 먹으면 좋다. 또한 상추는 겉절이나 시루떡의 재료로 이용되며 서양식에 서는 샐러드나 샌드위치 등에 사용한다.

(3) 선택 및 저장법

상추는 잎이 연하고 두꺼운 것, 고유한 녹색을 잘 유지하고 있는 것, 크기가 일정한 것, 잎을 잘랐을 때 우유빛 유액이 나오는 것이 좋다.

7) 양상추(head lettuce)

(1) 원산지 및 특징

지중해연안과 서아시아가 원산지이며 결구형과 반결구형이 있다. 결구형은 우리나라에서 주로 재배되는 크리스프형이고 반결구형은 버터형으로 주로 유럽에서 많이 이용한다. 양상추는 유럽에서 미국으로 건너갔고 2차 대전 이후 미군에 의해 일본을 통해 우리나라로 유입되었다.

(2) 성분 및 효능

수분이 94~96%로 열량이 낮고 식이섬유소가 풍부하여 다이어트 식품으로도 좋다. 양상추에는 칼륨, 나트륨, 칼슘, 인, 요오드, 마그네슘, 철 등 다양한 영양소가 함유되어 있어서 신진 대사를 활발하게 해 주며 이뇨작용에도 도움을 준다. 양상추의 비타민과 무기질은 빈혈과 저혈압에도 좋은 작용을 한다.

양상추를 자르면 자른 면이 붉게 변하는데 이것은 유백색의 성분이 산화되어 생기는 현상이다. 이 유백색의 락투세린(lactucerin), 락투신(lactucin) 등의 알칼로이드성분은 신경을 안정시켜 주는 역할을 한다.

(3) 선택 및 저장법

양상추는 줄기의 길이가 짧고 잘 감겨 있는 것, 잎의 수가 많고 주름이 균일한 것, 잎이 두껍고 연한 녹색인 것, 동일한 크기인 경우 무거운 것이 좋다.

양상추는 저온저장으로 20일간 저장이 가능하며 건조하지 않도록 랩에 싸거나 비닐봉지에 넣어 보관하는 것이 좋다.

8) 쑥갓(crown daisy)

(1) 원산지 및 특징

쑥갓은 지중해 연안이 원산지로 알려져 있고 유럽에서는 꽃을 보기 위해 관상용으로 재배하기도 하지만 동아시아 지역에서는 채소로 이용하고 있다. 우리나라에서는 비닐하우스를 이용하여 사계절 재배하고 있다.

쑥갓은 잎의 크기에 따라 잎의 끝이 많이 갈라지지 않고 향기가 적고 단 맛이 섞이지 않은 대엽종과, 잎의 끝이 많이 갈라진 중엽종, 잎이 작고 끝이 많이 갈라진 소엽종으로 구분할 수 있다. 소엽종은 향은 우수하나 수확량이 많지 않아 잘 재배되지 않고 우리나라에서는 중엽종을 주로 재배하고 있다. 중엽종은 포기가 세워지지 않고 퍼져 뿌리째 뽑아서 출하하는 품종과 포기가 세워져 가지를 잘라 출하할 수 있는 품종으로 구분할 수 있다.

(2) 성분 및 효능

쑥갓은 비타민 A와 C의 함량이 높으나 비타민 C를 파괴하는 아스코르비나아제(ascorbinase)가 함유되어 있다. 무기질로는 칼슘과 철분의 함량이 다른 경엽채류보다 높은 편이다.

쑥갓은 몸속의 기운을 순환시켜 소화기관을 튼튼하게 하고 가래를 없애 주며 섬유소가 많아 변비에도 효과적이다. 쑥갓은 어린 순이나 잎을 살짝 데친 다음 나물로 먹기도 하고, 떫은 맛이 없고 섬유질이 부드러우며 독특한 향을 지녀 조리하지 않고 쌈으로 육류와 함께 먹기도 한다. 매운탕이나 국에 넣어 향기가 나도록 하거나 샐러드나 튀김에 이용하기도 한다.

(3) 선택 및 저장법

잎이 푸르고 싱싱하며 광택이 있는 것, 줄기가 너무 굵지 않고 아래쪽에도 잎이 붙어 있는 것, 꽃대가 올라오지 않은 것이 좋다.

9) 미나리(watercress)

(1) 원산지 및 특징

미나리는 아시아가 원산지로 알려져 있으며 중국에서부터 동남아시아, 오세아니아에 이르기까지 분포해 있다. 우리나라에서는 고려시대부터 식용되고 있었으며 조선조에는 궁중 진상품목에 미나리가 포함되어 있다는 기록이 있다. 습기를 좋아하는 성질 때문에 습지에서 자라고 밭이나 논에서도 재배하며 종자가 생기기 어려우므로 줄기를 자른 후 싹을 내서 이용한다. 11월 중순부터 3월 하순에 걸쳐 수확하며 봄에 수확되는 것을 상등품이라 한다. 간혹 독미나리를 잘못 먹는 경우가 있는데 독미나리는 식용과 달리 키가 커서 90cm 정도나 되므로 구별할 수 있다.

미나리는 습지에서 자라므로 거머리가 붙어 있는 경우가 있으며 조리하기 전에 놋수저와 함께 담가 두면 미나리에서 제거된다.

(2) 성분 및 효능

미나리는 칼슘, 칼륨과 비타민 A와 C 등이 다른 채소에 비하여 다량 함유되어 있다. 몸의 열을 없애고 갈증을 해소하며 소변의 배설을 도와 간 기능을 좋게 도와주는 역할을 한다. 또 특유의 방향으로 식욕을 돋우고 식물성 섬유소가 장의 내장 벽을 자극해 장의 운동이 활발해진다.

미나리는 씹는 맛과 향 때문에 미나리강회나 볶음 외에도 나물로 사용하기도 하고 찌개에 넣어 향을 돋우기도 하며 불고기를 먹을 때 쌈과 같이 내어놓기도 한다. 미나리는 복어와 잘 어울려 탕을 끓이거나 무침으로 요리하기도 하며, 녹두묵과도 잘 어울려 탕평채 조리시에 부재료로 사용하기도 한다. 또한 김치류의 부재료로 사용하기도 한다.

(3) 선택 및 저장법

잎은 선명한 녹색을 띠며 길이가 일정한 것, 뿌리의 잔털이 잘 정돈된 것, 줄기를 부러뜨렸을 때 쉽게 부러지는 것, 줄기가 굵고 연한 것, 단이 흐트러지지 않고 거머리 같은 이물질이 포함되지 않은 것을 선택한다.

10) 갓(mustard leaf)

(1) 원산지 및 특징

갓의 원산지는 중앙아시아이며, 일반적으로 잎은 무의 잎 모양과 유사하며 잎의 끝이 많이 갈라져 있는 엽개채군과 포기가 크고 폭이 넓으며 편평한 다육군으로 나눌 수 있다. 녹색을 띠는 것은 참갓, 청갓이라 하며 안토시아닌 색소를 함유한 것은 자색갓, 적갓이라 한다. 갓은 추위에 강하여 중국에서는 중요한 겨울 채소이며 우리나라에서도 출하기는 11월~2월이다. 또한 갓의 일종인 착채(搾菜)는 줄기와 잎이 비대하게 된 것으로 중국 사천성의 특산물이며 중국에서는 주로 절임류로 가공한다.

(2) 성분 및 효능

갓은 다른 채소에 비하여 나트륨, 비타민 A와 C가 많다. 갓의 매운 성분은 시니그린(sinigrin)이며 종자는 겨자분으로 이용된다. 갓은 폐기능이 약하거나 목소리에 힘이 없고 가래가 많은 사람에게 좋다.

엽개채군 갓의 잎 부분은 절여서 배추나 무에 섞어 김치를 만들며 다육군 갓은 갓김치를 만들기도 한다. 나물로 이용하기도 하며 달여서 먹거나 즙을 내서 먹기도 한다.

(3) 선택 및 저장법

갓은 줄기가 가늘고 연한 것, 잎이 진한 녹색으로 윤기가 있는 것, 크기가 너무 크지 않은 것을 선택한다.

11) 셀러리(celery)

(1) 원산지 및 특징

셀러리는 남부 유럽과 남아시아 등이 원산지로 알려져 있으며, 우리나라에는 19세기 후반에 서양문물의 도입과 함께 전해져 생산량이 늘고 있다. 유럽에서는 의약품이나 요리의 재료로 잎, 줄기, 씨를 사용해 왔다. 15～16℃의 비교적 서늘한 지역에서 재배된다.

(2) 성분 및 효능

셀러리는 당질과 지방질의 함량이 낮고 식이섬유를 다량 함유하여 체중조절 식단에 이용되며, 비타민 B_1과 B_2가 풍부하고 나트륨과 칼슘이 많아서 인체에 해로운 코발트를 몸 밖으로 배출시키는 역할을 한다. 영양가는 줄기 부분보다 잎 부분이 더 많으므로 버리지 말고 사용하는 것이 좋다. 셀러리의 잎에는 세다놀(sedanol)이라는 특수 방향 성분이 함유되어 있으며 맛은 약간 쌉싸름하다.

셀러리는 몸의 열을 내려 주고 피부를 진정시키는 작용이 있고 이뇨를 촉진시킨다. 거친 섬유질부분을 제거하고 샐러드를 만들거나 수프나 스톡에 첨가하여 육류의 냄새를 제거하기도 한다. 또한 다른 채소와 함께 갈아서 주스를 만들어 먹기도 하고, 살짝 데쳐서 무침이나 피클을 만들기도 한다. 셀러리 잎은 줄기보다 비타민과 무기질이 풍부하므로 잎을 잘게 썰어 천 주머니에 담아 목욕물에 담그면 피부미용에 좋은 목욕제로도 이용할 수 있다.

(3) 선택 및 저장법

셀러리는 잎이 녹색이고 줄기는 연녹색인 것, 줄기가 굵고 길며 연한 것, 줄기의 요철 모양이 두드러진 것, 줄기가 둥글게 호를 그리고 있는 것, 절단면에 갈변현상이 없는 것, 겉대와 속대의 굵기가 일정한 것을 선택하는 것이 좋다.

12) 파(welsh onion)

(1) 원산지 및 특징

파는 중국의 서부가 원산지로 알려져 있으며 기원전부터 재배되어 왔으며 우리나라에는 중국을 거쳐서 삼국시대 이전에 전래되었다가 고려시대 때 널리 재배되었다. 파 중에 흰 부분이 긴 것은 중국 북부에서, 잎 부분이 긴 파는 중국 남부에서 주로 재배되었다.

(2) 성분 및 효능

파에는 각종 비타민과 무기질이 다량 함유되어 있으며, 특히 비타민 A는 파의 백색 부분보다 녹색 부분에 많으며 비타민 C는 파의 백색 부분에 많이 들어 있다.

한방에서 파의 뿌리는 감기의 약재로 쓰인다. 또한 알릴 다이설파이드(allyl disulfide)는 파의 자극적인 냄새 성분이며, 디프테리아, 결핵균, 이질균, 포도상구균에 대하여 25% 농축물일 때 정균작용을 나타낸다고 한다. 생선의 비린내를 없애고 육류의 누린내를 제거하는 향미성분이 있어서 양념으로 많이 이용된다. 육개장 같은 국이나 탕 등에 사용되며 전 등에 부재료로 이용된다. 중국요리에서는 생식용으로 많이 쓰이며 양식에서는 수프를 끓일 때 이용되기도 하며 고기요리에 곁들임으로도 쓰인다.

(3) 선택 및 저장법

파는 꽃이 피지 않은 것, 흰 부분이 곧고 길고 굵은 것, 파 특유의 향이 있는 것, 녹색이 너무 많지 않은 것, 파의 잎이 지나치게 굵거나 뻣뻣하지 않은 것, 흰 부분과 푸른 부분의 구분이 뚜렷한 것, 잘랐을 때 단단하고 속이 꽉 찬 것이 좋다.

또 쪽파는 뿌리 부분이 싱싱하고 잎은 짙은 초록색을 띤 것, 잎이 연하고 깨끗한 것, 줄기 부분이 너무 여러 갈래로 가늘게 나뉘지 않은 것을 선택한다.

13) 깻잎(perilla leaf)

(1) 원산지 및 특징

깻잎은 들깨 잎을 말한다. 들깨는 인도, 중국 등이 원산지로 알려져 있으며 우리나라에는 삼한시대 이전부터 재배하였다. 들깨는 보통 60~70cm까지 자라며 1년생 초본으로 심장 모양의 잎을 지니고 녹색인 것이 일반적이지만 보라색인 것도 있다. 향이 좋은 채소로서 우리나라와 일본에서 주로 이용되고 있다.

(2) 성분 및 효능

깻잎은 들깨에 비하여 칼슘, 칼륨, 망간의 함량이 더 많고 비타민 A와 C도 풍부해서 영양가 높은 식품이라 할 수 있다. 철의 함량은 식물성 식품 중 가장 높은 편에 속한다. 한방에서는 깻잎이 한기에서 오는 감기를 없애 주고, 열을 내리게 하여 열 감기에 좋은 식품으로 알려져 있으며, 체한 기운이 있는 사람이나 구토, 설사를 하는 사람에게도 좋다.

깻잎에는 퍼릴라 알데하이드(perilla aldehyde), 리모넨 퍼릴라케톤(limonene perillaketone)이 0.3～0.8% 함유되어 씹었을 때 독특한 향을 주므로 쌈으로 이용되기도 하고 부각, 장아찌, 김치 등의 음식을 만들어 먹기도 한다.

(3) 선택 및 저장법

깻잎은 잎이 짙은 녹색이며 부드러운 것, 줄기가 마르지 않은 것, 크기가 일정한 것이 좋다.

14) 아스파라거스(asparagus)

(1) 원산지 및 특징

아스파라거스는 원산지가 유럽 남부와 남부 러시아, 폴란드 초원으로 알려진 다년생 초본이다. 16세기 후반부터 전 세계에 보급되었으며, 우리나라에는 1970년대부터 재배되기 시작하였다. 서늘한 기후를 좋아하고 내한성이 강하며 생육온도는 15～20℃로 알려져 있다.

자웅이주 형태이며 웅주가 자주보다 수확량이 많고 줄기도 적당하게 굵어지며 싹이 나오는 것도 빨라 자주는 도태되어 버렸다. 아스파라거스는 가지나 잎이 나오기 전의 어린 줄기를 식용으로 하며, 예전에는 어린 줄기를 연백(軟白)하기 위해 흙으로 덮어 둔 흰색 아스파라거스가 많이 생산되어 통조림으로 가공이 되었다. 그러나 요즘은 연백하지 않고 영양가도 흰색 아스파라거스보다 높은 녹색 아스파라거스가 청과용으로 많이 나오고 있다.

(2) 성분 및 효능

대지의 양분과 햇빛을 받고 자란 녹색 아스파라거스가 흰색 아스파라거스보다 향기나 영양가가 높다. 녹색 아스파라거스에는 비타민 B_1, B_2가 많고 칼슘, 칼륨, 철분 등의 무기질과 단백질, 당질이 함유되어 있다. 흰색 아스파라거스는 비타민 C가 소량 들어있다.

아스파라거스의 쌉싸름한 맛은 아스파라젠산(asparagenic acid) 때문이며, 아스파라젠산은 대사촉진 및 단백질의 합성을 촉진하므로 피로 회복이나 자양강장에 효과가 있다. 또한 루틴(rutin)을 많이 함유하여 혈관을 강화하고 혈압을 강하시키는 작용이 있으므로 고혈압 예방에도 효과가 있다. 섬유질은 변비를 예방하고 지질함량이 낮고 열량이 낮아 체중 조절을 하는 사람에게 적당하다. 흰색 아스파라거스는 쓴 맛이 있는데 이는 스테로이드 사포닌(steroid saponin) 성분이다.

아스파라거스는 끓는 물에 살짝 데친 후 찬물에 헹구어 샐러드에 이용하며, 녹색 아스파라거스는 튀김용이나 수프로도 활용한다. 또한 아스파라거스는 통조림으로도 가공된다.

(3) 선택 및 저장법

아스파라거스는 줄기가 연하고 굵은 것, 절단부위가 길지 않은 것, 잎의 녹색이 진하고 싱싱한 것, 줄기에 수염뿌리가 나와 있지 않은 것, 위쪽의 틈이 벌어지지 않고 모여 있는 꽃 모양인 것을 선택한다.

흰색 아스파라거스는 18～21cm, 녹색 아스파라거스는 20～25cm로 잘라서 가공하거나 냉동 저장하여 보관한다.

15) 죽순(bamboo shoot)

(1) 원산지 및 특징

죽순은 대나무의 어린 싹을 말하며 중국, 일본, 한국 등에서 식재료로 주로 사용한다. 죽순의 대명사로 불리는 맹종죽의 유래는 중국 오나라의 '맹종'이라는 사람이 홀어머니의 병환을 고쳐드리기 위해 추운 겨울날에 눈물을 흘리며 죽순을 찾아 돌아다녔는데 그때 그가 흘린 눈물이 모두 죽순으로 자라났고 그것이 '맹종죽'이 되었다는 것이다.

조선시대의 <증보산림경제>와 <임원경제지> 등에는 죽순밥, 죽순정과, 죽순나물 등 다양한 죽순조리법이 기록되어 있다.

(2) 성분 및 효능

죽순은 식이섬유가 풍부하고 단백질, 비타민 B, C도 함유하고 있다. 죽순에서 나는 아린맛은 호모겐티스산과 수산때문인데 쌀뜨물에 담가 두었다가 사용하면 아린맛을 없앨 수 있다. 죽순통조림에서 흔히 볼 수 있는 흰색 결정체는 회분, 탄수화물, 단백질로 구성되어 있으며 수산, 칼슘, 타이로신의 함량도 높다.

(3) 선택 및 저장법

우리나라에서는 죽순을 주로 통조림 형태로 많이 사용하는데 죽순을 채취할 때는 어린 대나무의 순이 좋다. 봄에만 나오는 죽순은 삶아 부드럽게 한 다음 껍질을 벗겨 말리거나 냉동 또는 통조림으로 가공한다.

16) 청경채(pak choi)

(1) 원산지 및 특징

청경채는 중국 화중지방이 원산지이고 일본을 거쳐 우리나라에 유입되었으며 중국요리에 많이 사용된다.

(2) 성분 및 효능

청경채는 비타민, 식이섬유, 칼슘, 칼륨 등이 고루 들어있어서 영양성이 높은 채소이다. 특히 비타민 A는 피망의 5배나 들어있어서 면역력 향상, 항산화작용, 동맥경화, 고혈압 예방 등에 효과적이다. 피로회복과 피부미용에 좋은 비타민 C 등 영양이 풍부하지만 열량이 낮아 다이어트에 좋은 식재료이다.

(3) 선택 및 저장법

잎이 진한 녹색이고 탄력이 있는 것, 밑 둥이 묵직한 것, 줄기가 굵고 잎이 넓은 것을 선택한다. 보관시에는 신문지에 말아 공기가 잘 통하는 곳에 두거나 냉장 보관하는 것이 좋다.

2 근채류

근채류는 영양분을 저장한 뿌리부분을 먹는 채소를 말하는 것으로 뿌리 모양에 따라 길게 뻗은 직근류와 둥글게 뭉쳐진 괴근류가 있다. 직근류는 무, 당근 등을, 괴근류는 고구마와 마 등을 말한다. 또 땅속에 줄기를 뻗어 영양분을 저장하는 것은 괴경류와 근경류로 나뉘는데 감자, 토란 등은 괴경류이고 생강, 연근 등은 근경류이다. 비늘줄기는 땅속줄기의 일종으로 짧은 줄기둘레에 양분을 저장하여 두껍게 된 양파, 마늘 등을 말한다.

1) 무(radish)

(1) 원산지 및 특징

무는 원산지가 지중해 연안이라는 설과 중국이라는 설이 있는데 지중해에서 중국을 거쳐 우리나라로 전해 온 것으로 추청된다. 삼국사기에 무를 소금에 절여 겨울을 난다는 기록에 의하면 무는 배추보다 먼저인 삼국시대에 유입되었다.

우리나라의 식생활에서 무는 배추와 함께 주요한 채소로 위치를 차지하며 거의 1년 내내 공급이 되고 계절에 따라 가을무, 봄무와 여름무로 나뉜다. 가을무는 8월 중순에 파종하여 겨울철에 수확하며, 전체 생산량의 약 2/3를 차지한다. 봄무는 3~4월에 파종하여 1~7월에 수확한다. 또한 여름무는 5~6월에 파종하여 8~9월에 수확하며, 수확기가 다가오면 바람이 들기 쉬우므로 생육이 빠른 것부터 우선 수확한다. 외관이 싱싱하고 맛이 달고 매운맛이 적으며 즙이 많이 나는 품종의 소비가 증가되고 있으며 무의 윗부분에 푸른 기가 도는 청수(靑首)를 많이 재배하고 있다.

(2) 성분 및 효능

무는 수분이 90~92%, 섬유소가 약 0.9% 차지한다. 무기질로는 칼슘이 62mg, 인이 29mg 있으며 비타민은 적다. 비타민 C는 육질보다는 껍질에 많이 있으며, 무청에도 비타민 C와 식이섬유소가 다량 함유되어 있다.

무는 담을 삭이고 심한 가래나 감기에 효과가 있다. 또한 녹말 분해효소인 디아스타아제(diastase)가 많아 국수나 보리음식을 먹고 체했을 경우 먹으면 좋다. 무의 냄새는 메틸 메르캅탄(methyl mer-captan)이며, 매운맛은 알릴(allyl) 화합물에 의한 것이다.

한국, 중국, 일본에서는 소금물에 무를 절여 김치류로 가공하여 먹기도 하며 익히거나 생채 또는 나물로 이용한다. 쌀가루를 첨가하여 무시루떡을 만들거나, 국이나 찌개 등에 부재료로 이용한다. 또한 생선을 조릴 때 밑에 깔아 주면 생선이 눌어붙지 않고 무의 매운 성분이 비린내를 제거하며 생선의 영양을 보완해 준다.

(3) 선택 및 저장법

무는 동일한 크기일 때 더 무거운 것, 육질이 단단하고 치밀한 것, 매운맛이 적고 감미가 있는 것, 진흙에서 재배된 것, 잔뿌리가 적고 청색 부분이 1/5 정도인 것, 모양이 매끈하게 바르며 광택이 있는 것이 좋다.

무는 잎이 달린 채로 두면 바람이 들기 쉬우므로 잎을 떼어 내고 비닐 팩에 넣어 냉장실에 보관하면 좋다.

2) 당근(carrot)

(1) 원산지 및 특징

대표적인 유색 근채류인 당근은 아프가니스탄 북부가 원산지로 추정되며 품종은 크게 유럽형과 아시아형으로 구분된다. 한쪽은 페르시아를 거쳐 네덜란드에 전해져서 유럽형으로 정착되었으며, 다른 한쪽은 실크로드를 거쳐 중국으로 들어가서 아시아형으로 정착되었다.

유럽형 당근은 한랭지에서 봄부터 여름에 파종하여 여름부터 가을에 수확하는 한지형과, 여름에 파종하여 늦가을부터 겨울에 수확하는 난지형 당근으로 구별된다. 당근을 자르면 주홍색의 육부와 주황색의 심부가 있는데 심부는 단단하기 때문에 식용에 부적당하다. 아시아형 당근은 육질이 연하여 간장을 이용한 조림요리에 적합했으나 1970년대 들어와서 유럽형 당근에 밀려 자주 볼 수 없게 되었다.

(2) 성분 및 효능

당근에는 수분이 88~92% 함유되어 있으며 당질이 7.6%로 비교적 많이 포함되어 단맛을 지닌다. 비타민 A의 주요 급원 식품으로 카로틴은 채소류 중 가장 많이 함유되어 있다. 그러나 소화 흡수율이 낮아 생식의 경우는 10% 정도밖에 흡수되지 못하나 익히거나 기름에 튀기면 30~50%로 흡수율이 상승한다. 비타민 A는 시력보호나 야맹증 개선에 효과가 있다. 또한 살결이 거칠어지고 병균에 대한 저항력이 약해져 여드름이 돋을 때에도 증상을 진정시켜 준다. 병약한 환자나 쉽게 피로를 느끼는 사람에게 특히 좋다.

그러나 당근에는 비타민 C를 파괴하는 아스코르비나아제가 다량 함유되어 있어서 무나 오이 같은 채소와 함께 섞거나 즙을 낼 경우 비타민 C를 파괴시킨다. 이 때 식초를 가하거나 당근을 열처리하여 효소를 불활성화 시키면 비타민 C의 파괴가 억제된다.

당근은 다른 채소와 조리할 경우는 열을 가하여 조리하는 것이 좋다. 날것으로 이용하고자 할 때에는 당근이 지니는 효소의 비타민 C 파괴로 인하여 다른 채소와 함께 두지 말고 따로 요리하는 것이 좋다. 당근은 수프나 주스로 먹기도 하며, 날 것으로 샐러드에 이용하기도 한다. 당근 잎은 어패류와 함께 먹으면 쑥갓에 버금가는 맛과 향을 얻을 수 있다.

(3) 선택 및 저장법

윗부분과 아랫부분이 거의 일정한 정도로 통통한 것, 마디나 뿔이 없이 표면이 매끄러운 것, 모양이 곧고 윤기가 있는 것, 선홍색으로 중심부까지 착색된 것, 육질이 연하고 감미가 있는 것, 심이 거의 없으며 싱싱해 보이는 것을 선택한다.

3) 양파(onion)

(1) 원산지 및 특징

양파는 중앙아시아가 원산지로 알려져 있으며 우리나라에는 조선시대 말에 도입된 것으로 추정된다. 봄에 씨를 뿌리는 양파는 3월 상순에 파종을 하여 5월 상순에 모종을 심고 여름에 생장하여 7월부터 구가 굵어져 9월에 수확할 수 있는 것으로, 약 200g 전후이며 저장성이 높다. 가을에 씨를 뿌리는 양파는 10~11월에 모종을 심어 재배하면 초여름에 굵어진다. 따라서 해마다 3~4월이 되면 품귀현상이 나타나므로 8월에 파종하여 4월부터 수확할 수 있는 육질이 부드러운 조생종을 재배한다.

(2) 성분 및 효능

양파의 주요 성분으로는 수분이 90%, 단백질이 1.1g , 당질이 약 7.2g 함유되어 있다. 비타민 C가 풍부하고 칼슘, 인, 철분도 많다. 매운맛 성분은 프로필알릴다이설파이드(propyl allyl disulfide) 및 알릴설파이드(allyl sulfide)이다. 이것은 열을 가하면 기화하지만 일부는 분해되어 설탕의 50배의 단맛을 내는 프로필메르캅탄(propyl mercaptan)을 형성한다. 그러므로 조리 후에는 양파가 단맛을 지니게 된다.

양파는 혈액순환을 촉진시켜 위장기능을 강화시키며 체력을 보강하는 효과가 있다. 최근에는 양파가 혈액 속의 콜레스테롤 농도를 저하시키며 심장혈관의 혈류량을 증가시킨다고 하여 성인병 예방 식품으로 각광받고 있다.

양파는 어류와 육류의 좋지 못한 냄새를 제거하는 데 효과적이며 신선한 상태로 또는 건조 상태로 라면, 소스 등에 첨가되기도 한다. 또한 중국 요리에는 없어서는 안 될 중요한 요리재료이다. 서양요리에서는 약한 불에서 오래 볶아 단맛과 갈색을 낸 후 양파수프에 이용한다. 자주색 양파는 매운맛과 냄새가 적어 생으로 샐러드에 이용되기도 한다.

(3) 선택 및 저장법

양파는 외피가 단단하고 적황색이며 상처가 없는 것, 양파의 윗면과 뿌리 부분을 눌러 보아 단단한 것, 껍질에 광택이 있고 싹과 뿌리가 없는 것을 선택하는 것이 좋다. 수입산은 껍질의 세로줄이 뚜렷하고 간격이 좁은 것에 비하여 국산은 껍질의 세로줄이 흐릿하고 간격이 넓다. 수입산은 껍질이 4～5장인데 비하여 국산은 껍질수가 2～3장이다. 수입산은 껍질이 질기고 찢어지지 않는 데 비하여 국산은 껍질이 부드러워 잘 찢어진다. 수입산은 껍질이 퇴색되어 있는 데 비하여 국산의 껍질은 노란색이나 붉은색이다.

수입산 깐 양파 구별법은 국산은 세로줄이 희미하고 간격이 넓으며 수입산은 세로줄이 뚜렷하고 간격이 좁고 국산은 윗부분의 색이 연한데 수입산은 짙은 녹색을 띤다.

햇 양파는 저장성이 나쁘므로 가능한 한 빨리 먹는 것이 좋으며, 완숙한 양파는 통풍이 잘 되는 그늘진 장소에서 건조시켜 0～2℃의 냉장온도로 저장하는 것이 좋다.

4) 도라지(chinese bellflower)

(1) 원산지 및 특징

도라지는 중국, 한국, 일본 등이 원산지로 알려져 있으며 양지 바른 곳에서 잘 자라는 다년생초이다. 토질은 배수와 통풍이 잘 되는 곳이 좋으며 생육상태에 따라 약간씩 다르나 2～3년째 수확하는 것이 일반적이다.

(2) 성분 및 효능

주요 성분으로는 수분이 85%, 단백질이 1.8%, 지질이 0.2%, 당질이 10.4%, 섬유소가 2.4% 함유되어 있다. 도라지는 섬유질이 많고 칼슘과 철분이 풍부한 알칼리성 식품이며, 비타민과 무기질의 급원이 된다. 도라지의 쓴맛 성분은 아직 확실히 밝혀지지 않았으나 알칼로이드류와 배당체류인 것으로 알려져 있다. 향기 성분은 지방족 탄화수소와 방향족 탄화수소류 등에 의한 것이다.

도라지는 호흡기 질환에 사용되는 한방 재료로 함유되어 있는 사포닌은 기관지의 분비기능을 항진시켜 가래를 삭이고, 목이 아플 때 효능을 발휘하며 진통,

소염작용도 있다. 도라지는 나물, 전, 정과 등으로 이용하며 한약재로 사용하기도 한다.

(3) 선택 및 저장법

통도라지 선택법은 대부분 2~3년 근을 수확하므로 가늘고 짧은 것, 잔뿌리가 비교적 많고 원뿌리로 갈라진 것, 겉에 흙이 비교적 많이 묻어 있는 것이 좋다. 수입 통 도라지는 3~4년 근을 수확하므로 굵고 길며 잔뿌리가 거의 없고, 원뿌리도 별로 갈라져 있지 않으며 겉에 흙이 적게 붙어 있거나 깨끗한 것, 길이가 짧은 것이 특징이다.

찢은 도라지는 수분 함량이 많아 동그랗게 말리지 않은 것, 단단한 섬유질이 적어 부드러운 질감을 지니는 것, 껍질이 잘 벗겨지지 않고 일부가 남아있는 것, 껍질을 벗긴 도라지의 색이 연한 노란색을 띠는 것, 독특한 향기가 강하고 썩은 것이 거의 없는 것을 선택한다.

5) 우엉(edible burdock)

(1) 원산지 및 특징

우엉은 유럽, 시베리아, 만주 등지에서 야생하고 있었으며 중국과 일본 등지에서는 오래 전부터 식용되었으나 우리나라에 전래된 것은 그리 오래되지 않았다. 유럽에서는 관상용으로 주로 키우며 중국에서는 약으로 이용한다.

(2) 성분 및 효능

우엉의 성분은 수분이 76%이고 나머지는 대부분이 당질이며 당질의 주성분은 이눌린(inulin), 셀룰로오스(cellulose), 헤미셀룰로오스(hemi cellulose) 등의 섬유질이다. 우엉의 떫은 맛은 타닌(tannin), 클로로겐산(chlorogenic acid) 등의 페놀(phenol) 성분 때문인데 우엉을 잘라 두었을 때 갈변하는 것도 페놀성분 때문이다. 우엉의 성분은 아세트산(acetic acid), 아세트알데하이드(acetaldehyde)가 혼합되어 만드는 것이다.

우엉에 함유된 이눌린(inulin)은 신장의 기능을 향상시켜 이뇨작용에 효과가 있으며 식이섬유는 정장작용과 배변촉진 효과를 나타내고, 리그닌(lignin)은 항균작용이 있다.

우엉은 아삭아삭한 질감이 있어 조림, 찜, 샐러드, 무침, 튀김 등에 이용하고 찌개에 첨가하여 독특한 맛을 내기도 한다. 또한 돼지고기와 함께 요리하면 산성식품인 돼지고기를 중화시키며 돼지고기 특유의 누린내도 우엉 특유의 향으로 제거할 수 있다. 우엉은 껍질을 솔로 문질러 씻거나 칼등으로 껍질을 긁어내어 제거한다. 우엉의 향은 주로 껍질 부분에서 나므로 두껍게 껍질을 제거하면 좋지 않다. 우엉을 써는 방법은 거친 섬유질을 연하게 하는 방법으로 연필 깎듯이 써는 방법이 가장 좋다.

(3) 선택 및 저장법

우엉은 바람이 들지 않고 너무 건조하지 않은 것, 껍질에 흠이 없고 매끈한 것, 수염뿌리나 혹이 없는 것, 굵기가 균일하며 직경이 3cm 정도인 것, 갈라진 틈이 없고 모양이 굽지 않은 것, 잘랐을 때 부드러운 것이 좋다.

우엉은 저장시에 건조해지면 상품가치가 없어지므로 건조하지 않도록 주의한다. 소량의 경우는 이틀 정도 햇볕에 말렸다가 신문지에 싸서 두도록 하고 오랜 기간 저장하는 경우에는 땅을 파고 우엉을 경사지게 눕혀 두고 흙을 1.5cm 덮어 둔다.

6) 연근(lotus root)

(1) 원산지 및 특징

연근은 비대한 연의 줄기이며 원산지는 중국이다. 우리나라에 전래된 것은 1,500년 이상이나 되는데 본격적으로 재배되기 시작한 것은 19세기 말 이후이다. 연근은 다년생 수생식물이 땅 속에서 덩이줄기를 형성한 것이다. 인도에서는 더러운 진흙땅 속에서 우아하게 꽃이 핀다고 하여 신성한 식물로 알려져 있다. 연은 꽃을 관상하는 꽃 연과 뿌리를 식용하는 식용 연으로 구분되며 연근은 식용 연의 땅속줄기가 비대해진 것이다. 연근을 재배할 경우는 수질, 수온, 일조, 수심에 대한 관리가 중요하며, 물의 오염에 각별히 신경을 써야 한다.

(2) 성분 및 효능

연근에는 수분이 약 88%이고 아스파라젠산(aspartic acid), 아르기닌(arginine), 티로신(tyrosine) 같은 아미노산과 인지질인 레시틴이 함유되어 있다. 또한 당질이 많지만 대부분 녹말이므로 연근을 많이 먹으면 배가 고프지 않다. 비타민과 무기질은 적으며 조직 내의 폴리페놀이 산화되어 갈색화가 일어난다. 따라서 연근을 자른 후에는 물에 담가 두어야 색이 변하지 않는다. 썰어 둔 연근을 구입할 때는 구멍이 적은 것이 좋으며 색이 지나치게 흰 것은 표백처리를 한 것이므로 주의한다. 일반적으로 연의 씨앗도 식용되고 있으며, 단백질을 약 8%, 당질을 약 23% 함유하고 있다.

연근을 갈아 생으로 먹으면 갈증이 해소되며 자주 코피를 흘리는 성장기 어린이에게 도움이 된다. 반면에 익혀서 먹으면 위 기능을 향상시키고 설사를 그치게 한다. 또한 신장의 기능을 강화하여 소변 배설을 촉진하고 끈적한 물질인 뮤신은 위염, 위궤양, 콜레스테롤저하 등에 효과가 있다.

연근은 조림 이외에 튀김, 찜 등으로 이용하거나 생식하기도 하고 열매인 연밥도 설탕에 절여 사용하거나 생식하며 연잎은 지혈제로 사용하기도 한다. 연근의 손질법은 껍질째 솔로 문질러 씻고 꼭지를 자른 다음 칼로 껍질을 벗긴다. 이 때 연근의 섬유방향을 고려하여 세로로 벗기는 것이 좋다.

(3) 선택 및 저장법

연근은 모양이 길고 굵은 것, 휘거나 건조되지 않은 것, 잘랐을 때 속이 희고 부드러운 것, 엷은 주황색을 띠고 있는 것, 무거우며 상처가 없는 것을 선택한다.

7) 더덕(bonnet beliflower)

(1) 원산지 및 특징

더덕은 생김새가 인삼과 비슷하여 한방에서는 사삼이라고 불리는 약용채소로 도라지과에 속한다. 우리나라, 중국, 일본 등의 숲이나 계곡 가까운 관목림대에서 자라며 덩굴은 2m 이상 자란다. 더위에 약해 해발 300m 이상의 산악지대에서 자라는 것이 가장 약성이 우수하고, 2월과 8월에 채취하며 줄기와 잔뿌리를 제거하고 말린 다음 사용한다.

(2) 성분 및 효능

주요 성분은 수분이 88%, 당질 4.5%, 섬유질이 6.4%이다. 그 밖에 칼슘이 다량 함유되어 있으며, 인과 철분, 비타민 B_1, B_2도 함유되어 있다. 뿌리에는 사포닌이 함유되어 있어 기관지염, 기침, 해열에 좋으며 폐, 장, 신장, 위를 튼튼하게 한다. 민간요법으로 종기가 났거나 뱀이나 벌레에 물렸을때 생 뿌리를 환부에 붙이거나 달인 물로 닦아 내면 좋다.

더덕은 껍질의 흙을 솔로 문질러 닦아 낸 후 먹지 못하는 머리 부분을 잘라내고 껍질을 벗길 때는 칼로 껍질을 잡아당기듯 벗겨야 한다. 양념장을 발라 굽는 구이나 더덕무침 등에 이용되며 찹쌀 풀을 발라 말려 두었다가 밑반찬으로 이용하는 더덕자반, 더덕장아찌로 먹기도 한다. 사포닌이 알콜에 의해 쉽게 추출되기 때문에 더덕주로도 이용한다.

(3) 선택 및 저장법

더덕은 3~4년 정도 묵은 부드러운 것, 굵기가 위에서 아래까지 거의 일정하며, 잔털이 없는 것, 향이 진한 것이 좋다.

표 4-3 국내산과 수입산 구별법

국내산	수입산
가늘고 미끈하다	굵고 울퉁불퉁하다
향이 진하다	향이 약하다
쪼갤 때 진이 많이 난다	진이 없거나 적다
내부에 심이 없고 부드럽다	내부에 심이 있고 질기다
머리 부분이 1cm 이하로 짧고, 가로 주름이 1cm당 2~3개이며, 골이 얕다	머리 부분이 2~3cm이며, 가로주름이 1cm당 5~7개이고, 골이 깊다

8) 순무(turnip)

(1) 원산지 및 특징

원산지는 지중해 연안이라는 설과 중동이라는 설이 있으며 중국에서 전래된 아시아형과 시베리아를 경유해서 전래된 유럽형이 있다. 순무의 잎은 거의 녹색이나 간혹 줄기는 뿌리의 색과 같은 붉은색을 띠는 것도 있다. 뿌리는 껍질이 백색, 적색, 자색으로 다양하나 내부의 색은 흰색과 청색의 2종류로 되어 있다.

(2) 성분 및 효능

순무의 성분은 무와 비슷하지만 수분이 적고 비타민 C, 칼륨, 인, 칼슘 등도 함유되어 있다. 잎에는 뿌리보다 비타민 C의 함량이 높으며 비타민 A, 칼슘, 철분도 많다. 무와 마찬가지로 함유효소인 디아스타아제(diastase)가 전분의 소화를 돕는다.

순무의 글루코시몰레이트(glucosimolate)는 항암작용이 있지만 이는 가열시에 파괴되므로 생으로 샐러드로 이용하거나 갈아 마시는 것이 좋다. 또한 기침을 멈추게 하고 피부염 등에 효과가 있다.

순무는 늦가을에서 초겨울이 제철이며, 조림에 이용하기도 하고 무의 잎과 줄기도 영양가가 높으므로 버리지 말고 함께 사용하여 김치류 등으로 이용한다.

(3) 선택 및 저장법

순무는 중간 정도의 크기로 갈라짐이 없는 것, 육질이 치밀하고 유연한 것, 수염뿌리가 싱싱하고 검은 점이 없는 것, 잎의 녹색이 진하고 싱싱한 것, 냄새가 강하지 않은 것이 좋다.

잎은 소금물에 데쳐서 물에 헹군 다음 물기를 제거하고 랩으로 싸서 냉장하면 오래 보관할 수 있다.

9) 마늘(garlic)

(1) 원산지 및 특징

중앙아시아가 원산지로 알려진 마늘은 이미 기원 전 15세기에 이집트에서 머리가 아프고 신체가 허약할 때 사용했다는 기록이 있다. 한국과 중국, 일본 및 서부아시아, 인도, 이탈리아를 비롯한 남유럽, 미국 등지에서 재배되고 있다. 우리나라의 재래종은 난지형과 한지형으로 구분하며 난지형은 남해연안 지방 및 도서지방에서 재배되고, 8~9월에 심어서 월동한다. 한지형은 내륙지방에서 재배되고 9~11월에 심어서 5~7월에 수확하며, 마늘의 쪽수가 6쪽 내외이므로 6쪽 마늘이라 한다.

(2) 성분 및 효능

마늘은 수분이 60%, 단백질이 약 3% 함유되어 있으며, 칼륨, 칼슘, 마그네슘, 인 등의 무기질과 비타민 B_1, B_2, C를 함유하고 있다. 마늘의 냄새는 다이알릴설파이드(diallylsulfide) 때문이며 매운맛은 알리신(allicin)에 의한 것이다. 생마늘을 갈거나 다지면 알린(alline)의 분해가 급속히 진행되어 냄새가 강한 알리신의 생성이 많아지므로 냄새가 많이 난다.

마늘은 뛰어난 항균작용으로 세균의 발육을 억제하며, 항암효과가 있다. 위액의 분비를 촉진시키고 혈액순환을 촉진시키며 혈액 중의 콜레스테롤을 낮추어 줌으로써 동맥경화를 억제하기도 한다.

우리나라에서는 모든 식품에 기본 조미료로 마늘을 첨가하며 생선이나 육류의 냄새제거에도 이용된다. 육류와 함께 불에 구워 먹기도 한다. 마늘잎이나 마늘대는 봄철의 미각을 돋우는 채소로 많이 이용 된다.

(3) 선택 및 저장법

윤기가 있고 알이 단단한 것, 표피가 담갈색이나 암적색인 것, 쪽수가 적고 짜임새가 알찬 것, 겉껍질과 속껍질이 잘 부착된 것, 싹이 돋거나 썩은 공간이 없는 것을 선택한다.

마늘의 장기 저장은 온도와 습도를 일정하게 유지하는 것이 필요하며 0~2℃의 냉장온도와 65~75%의 습도를 유지하면 장기간을 연장할 수 있다.

표 4-5 수입산 마늘 구분법

국내산	수입산
수염뿌리가 있다	수염뿌리가 없다
껍질에 흙이 묻어 있다	껍질에 흙이 없다
껍질의 색에 붉은 기가 있다.	껍질의 색에 흰색이 돈다
무겁다	가볍다
냄새가 강하다	냄새가 약하다
깐 마늘의 색이 연하다.	깐 마늘의 색이 진하다

10) 생강(ginger)

(1) 원산지 및 특징

생강은 원산지가 인도와 말레이시아 등으로 추정되며 고온 다습한 열대나 온대지역에서 널리 재배되고 있다. 우리나라에는 고려시대 전부터 전해졌고 <고려사>, <향약구급방> 등에 기록이 있다.

(2) 성분 및 효능

생강은 수분이 80~90%이며, 당질과 섬유질은 많지만 비타민과 무기질은 비교적 적다. 생강의 매운맛 성분은 진저론(zingerone)과 쇼가올(shogaol)이고 향성분은 시트랄(citral)과 리날로올(linalool)인데 이들은 소화기관을 튼튼히 해 주며 순환을 촉진시킨다. 생강은 생선의 비린내와 육류의 누린내를 제거하며, 살균작용이 있어 생선회에 곁들이기도 한다.

향신료로 사용되거나 편강, 생강정과 등으로 가공되며 약용이나 카레분말에 사용되기도 한다. 분말은 또 제과·제빵 재료나 음료수 재료로 이용되고 향료나 향미유로도 제조되고 있다. 생강은 배와 잘 어울려 배의 달콤한 맛에 생강의 자극적인 맛이 어우러진 이강주는 궁합이 좋은 음식으로 알려져 있다.

(3) 선택 및 저장법

생강은 육질이 단단하고 크며 황토색인 것, 발이 굵고 넓으며 껍질이 잘 벗겨지는 것, 고유의 매운맛과 향기가 강한 것, 색이 다소 짙고 모양이 울퉁불퉁한 것, 한 덩어리에 여러 조각이 붙어 있는 것이 좋다.

수입 생강은 편편하고 매끈하며, 연한 갈색이며, 덩어리에 큰 조각으로 붙어 있는 것이 특징이다.

3 과채류

과채류는 초본식물의 열매를 식용하는 것으로 호박, 오이, 가지, 토마토, 고추, 피망 등이 있다. 식물은 성장하는 동안의 강수량, 일조량, 바람, 기온 등에 의해 품질에 크게 영향을 받으며 토양의 무기질 함량은 식품의 무기질 함량과 관계가 깊다. 또한 수확기에도 영향을 받아서 완숙한 채소가 미숙한 채소를 수확하여 후숙시킨 것보다 비타민 C의 함량이 높다.

1) 호박(pumpkin)

(1) 원산지 및 특징

호박은 중앙아메리카가 원산지로 품종은 동양호박, 서양호박, 페포호박 등 크게 3종류로 분류되는데 우리가 많이 이용하는 호박은 동양계 호박 중 조생종이다.

✤ 표 4-5 호박의 종류

종류	특징
동양호박	우리나라의 기후·풍토에 알맞으며 고온 다습지대에 적응하여 재배되어 왔고 과육이 황색이고 육질은 점질성이다
서양호박	우리나라에 18세기 말에 전래되었으며 고온 다습한 환경을 싫어하여 한랭건조지역에서 재배되어 왔고 방추형이 많다
페포호박	유럽에서 먹는 호박으로 둥글게 썰어서 삶으면 과육이 국수상으로 벗겨지므로 이를 생채로 이용한다

(2) 성분 및 효능

호박의 주요 성분으로는 수분이 90%를 차지하며 당질이 5~13%로 채소 중 녹말의 함량이 풍부한 식품이다. 단백질, 지방, 식이섬유, 무기질, 베타카로틴(β-carotene), 잔토필(xanthophyll), 비타민 B_1, C, 시트룰린(citrulline)이 함유되어 있다.

호박은 이뇨작용이 있고 당분은 소화흡수가 잘 되므로 회복기의 환자에게 적합하다. 호박씨의 레시틴은 두뇌발달을 촉진시키며, 필수지방산인 리놀레산(linoleic acid)은 고혈압 예방과 노화방지에 효과가 있다. 카로티노이드(carotenoid)는 항산화작용을 하며, 트립신 인히비터(trypsin inhibitor)는 장내 바이러스와 발암물질의 활성을 억제하는 역할을 한다.

호박의 연한 잎은 나물로 사용하며 애호박은 국이나 찌개에 쓴다. 또한 호박을 말린 호박고지로 떡을 만들기도 하며 호박김치, 전, 선, 죽 등의 재료로 이용된다. 서양요리에서는 수프나 퓌레에 이용되기도 하고 제과·제빵에도 활용된다. 호박에는 비타민 C를 파괴하는 아스코르비나아제가 있으나 열에 매우 약하므로 가열 처리하여 먹는 것이 바람직하다.

(3) 선택 및 저장법

애호박의 선택 조건은 껍질은 연하고 육질이 치밀하고 단단한 것, 크기에 비하여 무거운 것, 꼭지 주변이 들어가 있는 것, 모양이 곧고 윤기가 있는 것, 속이 비지 않고 씨가 여물지 않은 것, 연두색이며 크기가 작은 것, 윗부분과 아랫부분의 굵기가 비슷한 것이 좋다.

보통의 채소는 신선할 때 먹지 않으면 비타민류가 숙성 도중 손실되어 버리는 경우가 있으나 호박은 두껍고 단단한 겉껍질이 있으므로 여름에 수확한 것을 겨울까지 두어도 비타민류의 손실이 크지 않다. 늦가을에 수확한 경우는 2월까지 저장이 가능하다.

2) 오이(cucumber)

(1) 원산지 및 특징

오이는 인도 서북부의 히말라야 산맥 남부를 원산지로 하며 3,000년 전부터 재배되었다. 이집트에서는 기원전 1750년경에 재배되었고 유럽에서는 16세기경에 재배되었으며 중국에서는 6세기경에 널리 재배되기 시작하였다. 우리나라에는 약 1,500년 전에 도입된 것으로 알려져 있다.

(2) 성분 및 효능

오이는 약 95%가 수분으로 되어 있으며 단백질, 지질, 당질의 함량이 낮아 칼로리도 매우 낮다. 그 밖에 비타민 A와 C가 함유되어 있는데 비타민 C는 어린 과실에 많고 과실이 커짐에 따라 감소하여 수확 후에는 더욱 감소한다. 또한 비타민 C 산화효소(ascorbate oxidase)가 존재하므로 비타민 C를 파괴한다. 오이의 쓴맛은 큐커바이타신(cucurbitacins)에 의한 것인데 이것은 오이가 익어감에 따라 감소한다.

오이의 칼륨은 나트륨을 체외로 배출시키는 작용을 하며 이뇨작용을 촉진시켜 신장병 환자나 고혈압 환자에게 특히 효과가 있고 좋다. 목이 마르고 아플 때, 더위를 먹었을 때 섭취하면 좋다. 오이는 상큼한 향과 아삭아삭한 맛이 있으므로 그대로 생식을 하거나 샐러드나 조림, 볶음 등에 이용하고 절임하여 김치류나 피클류로 사용한다.

(3) 선택 및 저장법

오이는 색이 고르고 굵기가 위와 아래 부분이 동일한 것, 끝에 꽃이 달려 있는 것, 육질이 단단하면서 부드러운 것, 껍질에 돋은 가시가 날카로운 것, 꼭지가 마르지 않은 것, 반으로 잘랐을 때 씨가 생성되지 않은 것, 수분 함량이 많고 향이 강한 것이 좋다.

3) 가지(eggplant)

(1) 원산지 및 특징

가지는 인도 동남부가 원산지로 서쪽으로는 아프리카나 중동지방으로, 동쪽으로는 중국을 거쳐 우리나라에 전파되었다. 우리나라에서도 오래 전부터 재배되었으며 중요한 여름철 채소로 여겨지고 있다.

✣ 표 4-6 가지의 종류

종류	특징
한입가지	크기가 매우 작아 한 입에 들어갈 정도의 둥근 가지로 조생종이며 열매가 작고 둥글며 색은 농자색이고 껍질이 부드러우며 조림이나 절임에 적합하다
둥근가지	열매는 크고 둥글며 농자색의 중생종이나 살이 단단해서 된장에 절이거나 조림, 튀김, 볶음에 적합하다
계란형가지	살이 단단하고 흑자색을 띠며 껍질이 얇고 절임용 가지로 최상품이다
중장형가지	길이가 13~15cm이며 일본에서 많이 재배된다
장형가지	길이가 20~25cm이며 열매는 부드러워 조림용으로 적합하다
대장형가지	길이가 40cm를 넘는 것도 있고 껍질이 단단하지만 속은 부드러워 구이나 조림에 적합하다
백가지	안토시아닌 색소를 지니지 않고 엽록소를 생성하지 않는 품종으로서 생식에 적합하게 개발되었다
청가지	안토시아닌색소는 없으나 엽록소가 있으며 껍질이 약간 단단하나 과육이 치밀한 조직이어서 조림요리에 적합하다

(2) 성분 및 효능

가지의 주요 성분으로는 수분이 94~95%를 차지하며 비타민과 무기질은 적은 편이다. 가지의 짙은 보라색은 안토시아닌계 색소인데 강력한 항산화작용으로 몸의 세포가 노화되는 것을 지연시키고, 폴리페놀 성분과 함께 항암작용을 한다. 또 콜레스테롤을 낮춰주며 혈관의 노폐물을 제거해주고 동맥경화, 고혈압에 도움을 준다.

가지는 자주 화내는 과격한 사람에게는 열을 식히는 효과가 있으나 몸이 찬 사람은 많이 먹지 않는 것이 좋다. 민간에서는 사마귀나 땀띠, 티눈이 났을 때

생가지를 문지르거나 독버섯 중독 등에도 효과가 있다고 한다. 또한 피부미용에도 좋아 기미, 주근깨에 가지를 문지르면 없어진다고 한다.

가지는 절임, 구이, 볶음, 조림으로 이용하기도 하며 튀김으로 요리하면 가지의 스펀지 같은 조직 내로 기름이 흡수되어 칼로리가 높아진다.

(3) 선택 및 저장법

가지는 껍질이 얇고 육질이 연한 것, 색이 선명하고 윤기가 있는 것, 꼭지가 갓이 검고 찔리면 아플 정도의 가시가 붙어 있는 것, 꼭지를 벗겼을 때 흰 부분이 많은 것, 구부러지지 않고 모양이 바른 것, 속이 꽉 차 있으면서 씨가 여물지 않은 것이 좋다.

4) 토마토(tomato)

(1) 원산지 및 특징

토마토는 페루, 에콰도르 등 남미 열대지방이 원산지인 다년생 초본이다. 유럽에는 16세기에 전래되었으나 관상용으로 재배되다가 19세기에 품종이 개량되면서 채소로 이용되기 시작했다. 우리나라는 1614년 <지봉유설>에 '남만시'라는 이름으로 소개되었으나 그 이전에 전래된 것으로 추정된다.

토마토는 기온이 지나치게 높은 곳보다는 서늘하고 밤과 낮의 기온의 차이가 심한 곳에서 재배하는 것이 색이 곱다.

(2) 성분 및 효능

토마토에는 수분이 92~95%, 당질이 2.7~3% 함유되어 있으며 주로 포도당과 과당으로 이루어져 있다. 비타민 A, C, B_1, B_2가 고루 함유되어 있으며 무기질 함량도 많은 알칼리성 채소이다. 토마토의 색은 카로틴에 의한 황적색과 리코펜에 의한 적색으로 이루어져 있다. 또한 펙틴질을 많이 함유하며 구연산, 능금산, 주석산, 호박산이 있어서 산미와 특유의 향기를 낸다.

토마토에 함유된 루틴(rutin)은 비타민 P의 일종으로 혈관을 튼튼하게 하고 혈압을 내리는 역할을 해서 고혈압 환자에게 좋다. 또한 소화작용을 촉진시키고 위장기능을 강화하며 여름철에 식욕이 떨어지고 목이 마를 때 먹으면 식욕이 생기고 갈증이 해소된다. 토마토는 가래를 삭이고 기침을 그치게 하며 감기에 끓여서 마시기도 한다.

토마토는 주로 생식을 하지만 쥬스, 케첩이나 퓌레 등으로 가공되며 서양요리에서는 요리재료로도 많이 이용된다. 토마토의 신맛은 위액의 분비를 촉진시켜 단백질의 소화를 도와주므로 육류나 생선 등의 음식을 먹을 때 토마토를 먹으면 산성식품이 중화되므로 위의 부담이 감소된다.

(3) 선택 및 저장법

토마토는 과실이 크고 단단한 것, 붉은 빛깔이 선명하고 균일한 것, 꼭지가 단단하고 시들지 않은 것, 꼭지가 오므라들지 않고 초록색을 띤 것, 과피의 색이 짙고 윤기가 나는 것, 과일이 2/3 정도 숙성된 것, 신선하며 기형이 아닌 것을 선택한다.

5) 고추(red pepper)

(1) 원산지 및 특징

고추는 열대 아메리카가 원산지이며 열대에서는 다년생, 온대에서는 일년생이다. 콜럼버스에 의해 15세기에 스페인으로 전래되었고 우리나라에는 17세기 초에 유입되었으며 향신료인 동시에 기호식품으로 분류되기도 한다. 고추는 세계적으로 널리 재배되고 있지만 고온에서 잘 자라기 때문에 추운지방에서는 재배하기 어렵다.

고추는 매운맛 성분인 캅사이신의 함량에 따라 단맛, 중간 맛, 매운맛 고추로 구분되며 형태와 크기에 따라 수백 종이 있다.

(2) 성분 및 효능

고추는 90~93%가 수분이며 카로틴이나 비타민 B_1, B_2, C가 풍부하고 칼륨, 인, 칼슘 등 무기질도 함유되어 있으며 여름철의 우수한 채소로 손꼽힌다. 매운맛은 캅사이신(capsaicin)때문이며, 빨간색은 캅산틴(capsanthin)과 카로틴(carotin)에 의한 것이다.

고추는 몸을 따뜻하게 하는 효과가 있어 몸이 차고 소화기관이 약한 사람에게 좋다. 또한 거담제로 만성기관지염 예방에 좋은 식품이다. 우리나라에서는 약용보다는 식용으로 주로 쓰이며 생선이나 육류 음식에 들어가면 비린내와 누린내를 제거한다. 그러나 심하게 매운 것을 먹으면 피부에 반점이 생기거나 위가 상하기도 하므로 주의를 필요로 한다. 고추는 방부효과도 있다.

고추는 생으로 먹거나 장아찌, 조림, 전, 잡채, 튀김 등에 이용된다. 완전히 숙성된 고추는 고춧가루 제조를 위해 건조되기도 하며 요리의 색감을 높이는 부재료로 사용되기도 한다.

고추는 매운맛이 강하여 잘 느낄 수 없지만 단맛과 감칠맛을 지닌다. 고추씨에도 감칠맛을 내는 성분이 존재하므로 된장, 막장에 고추씨를 첨가하여 맛을 증진시키기도 한다.

(3) 선택 및 저장법

고추는 과피가 두껍고 씨가 적은 것, 외관상 착색 상태가 좋은 것, 꼭지가 싱싱하며 윤기가 나는 것, 씹을 때 질기지 않은 것, 모양이 곧고 껍질이 두꺼운 것, 냉장 상태로 보관되지 않은 것, 색상이 빨갛고 선명한 것을 선택한다.

홍고추는 외피가 짓무르거나 벌레 먹지 않은 것, 꼭지가 단단하게 붙은 것이 좋다.

6) 피망(sweet pepper)

(1) 원산지 및 특징

피망은 고추와 동일한 종으로 열대 아메리카가 원산지이다. '고추'라는 프랑스어 '피몽'에서 피망이라는 이름이 유래되었으며 고추의 분류 중 단맛을 내는 고추에 속한다. 피망은 일본을 거쳐 우리나라로 유입되었다.

여름이 제철인 피망은 일년내내 안정적으로 공급되고 있는 온난성 채소이다.

(2) 성분 및 효능

피망은 단백질과 당이 고추보다 약간 많으며 섬유소는 고추보다 적다. 청피망의 경우 비타민 A와 C의 양이 많으며, 익어갈수록 비타민 A의 함량은 증가되나 비타민 C의 함량은 감소된다. 또 피망이 익을수록 색소인 캅산틴(capsanthin)이 증가하나 매운맛 성분인 캅사이신(capsaicin)은 함유되어 있지 않아 고추와 달리 매운맛이 증가하지는 않는다.

피망은 성질이 고추와 유사하며 추위를 없애고 소화기관을 튼튼히 강화시켜 주므로 소화력이 떨어지고 밥맛이 없는 사람에게 적당하다. 또한 피부점막을 강화시켜 주고 혈관 내에 지방의 침착을 방해하여 동맥경화와 고혈압에 효과가 있다.

단맛을 지니고 매운맛이 없으므로 샐러드로 먹기도 하고 기름과 잘 어울려서 볶음요리, 조림이나 전에 이용되기도 한다.

(3) 선택 및 저장법

피망은 짙은 녹색을 띠며 윤기가 나는 것, 꼭지가 신선하며 기형이 아닌 것, 반점이나 상처가 없는 것, 굵고 크며 표피가 단단한 것, 표피가 두껍고 씨가 적은 것이 좋다.

피망은 물기가 있으면 상하기 쉬우므로 물기를 제거하고 7～10℃의 온도에서 랩이나 비닐 팩에 담아 보관하면 오래 유지된다.

4 화채류

화채류는 꽃봉오리, 꽃잎, 꽃받침 등을 먹는 채소이다.

1) 브로콜리(broccoli)

(1) 원산지 및 특징

지중해 연안이 원산지이며 고대 로마인들은 2세기부터 재배해 왔으며 우리나라에는 일본을 거쳐 1952년경에 들어왔다. 여러 개의 꽃봉오리가 모여 하나를 이루고 있으며 꽃봉오리와 줄기를 먹는다. 크기가 클수록 단맛이 강하다.

(2) 성분 및 효능

브로콜리의 꽃봉오리에는 카로틴, 비타민 B_1, B_2, C, 칼슘, 칼륨, 철분이 많이 들어있고 다이어트에 도움이 되는 식이섬유와 항암작용, 면역력 강화, 성인병 예방에 좋은 셀레늄도 함유되어 있다. 특히 비타민 C는 레몬이나 사과에 보다도 더 많아 감기예방에 효과적이다.

샐러드, 수프로 먹거나 고기요리에 곁들이기도 한다.

(3) 선택 및 저장법

브로콜리는 작은 꽃송이들이 많이 피지 않은 것일수록 품질이 좋다. 짙은 녹색으로 단단하고 빽빽하게 뭉쳐져 있는 것, 노랗게 꽃이 피지 않은 것, 줄기는 굵고 짧은 것이 좋다.

랩을 씌워 냉장보관하거나 적당한 크기로 잘라 데친 후 밀폐용기에 담아 냉동보관한다.

2) 콜리플라워(cauliflower)

(1) 원산지 및 특징

약 천 년 전부터 지중해연안에서 재배되어 왔고 양배추가 변이된 것으로 꽃양배추라고도 한다. 우리나라보다는 서양에서 많이 사용하는 채소이다.

(2) 성분 및 효능

콜리플라워는 흰색, 녹색, 진홍색이 있는데 흰색에는 비타민 A와 베타카로틴이 비교적 적다. 풍부한 비타민 C는 가열에 의해 쉽게 파괴되지 않아 다양한 조리법으로 활용할 수가 있다. 그 외에도 비타민 B, 칼슘과 철분이 풍부하고 식이섬유는 적다. 특유의 향은 이소시아네이트(isocyanate)에 의한 것이고 암을 예방하는 역할을 하는 파이토케미컬(phytochemical)을 함유하고 있다. 너무 오래 데치면 맛과 형태가 나빠지므로 주의한다.

(3) 선택 및 저장법

봉오리가 크림색으로 동그랗게 부푼 것, 봉오리 사이에 틈이 없이 단단하게 뭉쳐 있는 것, 잘랐을 때 심이 짧은 것, 들어봤을 때 무게감이 있는 것, 겉잎이 진한 녹색인 것을 선택한다.

3) 아티쵸크(artichoke)

(1) 원산지 및 특징

꽃봉오리를 먹는 아티쵸크의 원산지는 지중해연안이다. 야생의 엉겅퀴가 수많은 품종개량을 통하여 현재의 모습을 갖게 되었다. 이집트인들도 먹었다고 할 만큼 오래된 식물이다. 르네상스시대의 프랑스에서는 미각을 돋우는 향신료로 사용하였다. 우리나라에서는 식재료로 많이 활용하고 있지 않으나 유럽에서는 아주 대중화된 채소로 다양한 요리법이 발달되어 있다..

(2) 성분 및 효능

단맛과 섬유질로 인한 아삭한 맛, 감자와 비슷한 식감이 있다. 단백질, 비타민 A, C, 칼슘, 인, 철분, 식이섬유가 들어 있다. 잎과 뿌리에는 사이나린(cynarin)이 함유되어 있는 데 담즙의 분비를 촉진하고 간 기능을 향상시키며 지방이 많은 음식의 소화에도 도움이 된다

(3) 선택 및 저장법

잎이 벌어지지 않은 봉오리형태로 선명한 녹색을 띠는 것, 속이 꽉 차서 무거운 것이 좋다.

5 산채류

산채류는 우리나라의 산과 들에서 쉽게 얻을 수 있는 채소들로 오래 전부터 식용되어 온 채소를 말한다. 과거에 구황식품으로 또, 질병의 치료를 위해 민간에서 먹어왔다.

1) 냉이(shepherd's purse)

(1) 원산지 및 특징

봄을 알리는 대표적인 봄나물인 냉이는 우리나라 전 지역에 골고루 분포하며 잎과 뿌리를 채취하여 식용하고 겨울동안 부족했던 비타민을 보충해 준다. 중국의 시경에 인용된 것으로 보아 식용한 역사가 오래된 것으로 여겨진다.

(2) 성분 및 효능

냉이에는 비타민 A, B_2, C의 함량도 많지만 다른 나물류에 비하여 단백질의 함량이 매우 높다. 소화기관이 약하고 몸이 허약한 사람, 생리 불순자나 출혈환자에게 소화기관을 강하게 하고 소변이 잘 배설되도록 하는 작용이 있다. 비타민 C의 함량이 높아 춘곤증 극복, 피로회복, 숙취 해소에도 좋고 냉이의 뿌리에 있는 콜린은 간을 건강하게 한다.

냉이는 국, 찌개에 넣어 먹거나 어린 냉이를 데쳐서 나물로 먹으며 밥이나 죽에 섞어서 쌉싸름한 맛을 즐기기도 한다. 민간에서는 피부에 상처가 났을 때 즙을 내어 바르기도 했다.

(3) 선택 및 저장법

뿌리가 너무 굵고 질기지 않은 것, 잎의 색이 짙은 녹색인 것, 잎·꽃·줄기가 작은 것, 잎이 너무 피지 않은 것, 흙이나 이물질이 제거된 것, 향이 진한 것을 선택한다.

2) 쑥(mugwort)

(1) 원산지 및 특징

쑥의 원산지는 한국과 일본으로 알려져 있으며 잎의 겉쪽은 짙은 녹색을 띠고 뒤쪽은 흰 솜털이 나 있다. 단군신화에 나오는 쑥은 냉이와 함께 우리나라 어디서나 볼 수 있는 흔한 채소이다. 쑥의 종류는 40여 종이 되는데 단옷날 채취한 것을 약쑥이라 하여 최고로 여겼다.

(2) 성분 및 효능

쑥은 장을 자극해 장의 기능을 도와준다. 비타민 A가 특히 풍부하여 하루에 쑥 80g을 먹으면 1일 비타민 A 권장량은 충분하며 비타민 C의 함량이 높아 감기예방과 피로회복에 효과적이다. 부인병에 효과가 있으며 추위를 심하게 타는 사람에게도 좋다. 특히 쑥이 지닌 독특한 향은 시네올(cineol) 성분으로 중추신경을 흥분시키는 작용을 해서 활동이 약한 장기를 정상화시킨다.

어린잎은 국을 끓이기도 하고 쌀가루에 섞어 떡을 만들어 먹으며 줄기나 잎자루는 약용으로 쓰여 물에 넣고 달여서 마시기도 한다. 또한 쑥의 뒷면의 솜털은 인주를 만드는 데 이용된다.

(3) 선택 및 저장법

연한 잎으로 뜯은 지 오래지 않은 것, 줄기가 가늘고 길지 않은 것, 쑥의 냄새가 좋게 풍기는 것이 좋다.

3) 두릅(aralia Sprout)

(1) 원산지 및 특징

두릅은 목말채, 모두채라고도 하는 낙엽활엽 관목으로 한국, 중국, 일본 등지에 분포되어 있다. 두릅은 양지 바른 비탈 숲에 군생하는 것으로 가지가 많지 않고 줄기에는 날카로운 가시가 있으며 4월 하순에서 5월 상순경에 어린순을 따서 식용하는 고급의 채소이다.

두릅은 참두릅, 개두릅, 땅두릅으로 구분되는데, 참두릅은 나무에 가시가 적고 윤이 많으며 탐스러운데 반하여 개두릅은 나무와 어린순에 가시가 많으며 윤이 적고 억세며 쓴맛이 있다. 땅두릅은 두릅 중 고급에 속하는 것으로 가장 많이 재배되어 시중에 유통되고 있다.

(2) 성분 및 효능

두릅의 주요 성분은 100g 당 단백질이 5.6%; 당질이 3.4%, 섬유질이 2.5g 함유되어 있으며 무기질이 풍부하고 비타민 B_1, B_2, C도 함유되어 있고 특히 아미노산의 조성이 우수한 식품이다.

두릅은 정신적으로 스트레스를 많이 받는 사람들이 먹으면 머리가 맑아지고 잠을 편히 잘 수 있게 한다. 당뇨환자의 혈당치를 떨어뜨려 주며 허기를 막아 주고 신장병 환자의 신장 기능을 강화시켜 성인병 예방 및 치료에도 효과적인 식품이다.

두릅은 데쳐서 물에 담가 쓴맛과 떫은맛을 제거한 후 초고추장을 찍어 먹거나 무쳐서 먹는다. 또한 쇠고기와 꼬치에 끼워 두릅적을 지져 먹기도 하며 술을 담가 약술로 복용하기도 한다.

(3) 선택 및 저장법

두릅 순이 연하고 굵은 것, 잎이 피지 않은 것, 껍질이 지나치게 마르지 않은 것, 향기가 강한 것이 좋다.

4) 달래(wild garlic)

(1) 원산지 및 특징

달래는 옛부터 작은 마늘이라 불렀으며 겨우내 움츠렸던 신체에 활력을 불어넣는 채소로 사용되었다. 달래는 20℃ 전후의 서늘한 기후를 좋아하고 25℃ 이상의 고온에서는 생육이 정지되므로 온도 관리가 매우 중요하다. 달래는 뿌리와 잎을 식용하므로 수확할 때 뿌리가 손상되지 않도록 주의를 기울여야 한다. 노지 재배의 경우는 10~11월, 3~4월에 수확하며, 4월에 잎보다 짧은 꽃대에서 흰색이나 홍자색의 꽃이 핀다.

(2) 성분 및 효능

달래의 주요 성분은 수분이 87.9%를 차지하며 그 밖에 단백질 3.3%, 당질 4.9%, 섬유질 1.6%, 회분 0.9%, 지질 0.4%를 함유한다. 무기질 중에는 칼슘, 인과 철분이 다량 함유되어 있고 비타민 A, B_1, B_2, C도 고루 들어 있다.

달래는 옛부터 불면증에 좋고 정력에 이롭다 하여 한약재로 사용되어 왔으며 현재에도 보혈약재로 여겨지며, 동맥질환 예방에도 도움이 된다. 민간요법으로 뿌리를 종기에 붙이면 부기가 빠지고 통증이 그치며 소주에 담갔다 마시면 정력 증진에 이롭다고 한다. 그러나 달래는 열이 많은 사람은 너무 많이 먹지 않는 것이 좋다. 초장으로 무치거나 장아찌, 국, 술로 먹는다.

(3) 선택 및 저장법

달래는 잎이 짙은 녹색이며 신선한 것, 뿌리 주변이 매끄럽고 윤기가 있는 것, 씹었을 때 향이 진한 것을 선택하는 것이 좋다.

5) 고사리(bracken)

(1) 원산지 및 특징

다년생 양치식물인 고사리는 세계 각지에 분포하며 주먹 형태의 어린 싹을 식용으로 이용한다. 고사리는 먹을 것이 부족했던 시절의 구황식품이었으며 전라도 지방에서는 팔월 한가위 밤에 강강술래와 더불어 고사리 먹기 놀이도 했다고 한다. 반 그늘진 습지에서의 재배가 이상적이며, 10℃ 이상에서 새순이 나오므로 비닐하우스에서의 속성재배법이 이루어지고 있다.

수확하기에 적당한 시기는 말려 있는 순이 펴지기 직전으로, 고사리의 어린 잎은 꼬불꼬불 말려 있으며 흰솜털로 덮여 있는데 줄기가 연한 어린순을 식용한다.

(2) 성분 및 효능

건조 고사리의 경우 당질 약 38%, 단백질 27.3%, 그 외 섬유질, 무기질, 비타민 A, B_1, B_2, 나이아신 등이 함유되어 있다. 그러나 생고사리에는 비타민 B_1을 분해하는 티아미나제(thiaminase)가 존재하므로 충분히 삶아 먹어야 한다.

고사리는 섬유질이 많아 변비를 없애고 소변을 잘 보게 하여 붓기를 내리는 작용을 한다. 발암물질과 청산 배당체인 프루나신(prunasin)은 물에 담그거나 삶는 과정에서 제거된다. 고사리의 어린 잎은 나물로 먹으며 뿌리에 많은 전분은 추출하여 떡을 만들기도 한다.

(3) 선택 및 저장법

건조 고사리는 짙은 밤색인 것, 대가 통통하며 쭈글거리지 않는 것, 연하고 부드러운 것, 잎이 너무 피지 않은 것이 좋고 삶은 고사리는 약간 밝은 갈색인 것, 대가 통통한 것을 고른다.

6) 고비(royal fern)

(1) 원산지 및 특징

고비는 고사리와 비슷하지만 잎이 동그랗게 말려 있고 연갈색의 솜털이 많으며 고사리보다 통통하고 더 연하고 부드러워 값이 더 비싸다. 우리나라 외에도 일본, 대만, 중국, 필리핀, 인도, 히말라야 등에 분포하는 것으로 알려져 있다.

(2) 성분 및 효능

고비는 단백질, 비타민 A, B_2, C와 무기질, 베타카로틴 등이 많아 영양가가 높다. 고사리와 고비에는 비타민 B_1을 분해하는 티아미나제(thiaminase)가 함유되어 있으며, 이는 내열성으로 보통 가열에 의해서는 50% 이상 잔존한다고 알려져 있다. 그러나 비타민 B_1 분해 효소는 건조되어 수분이 없어지면 파괴되므로 우리나라 전통적인 방법에 따라 고사리와 고비를 가열하여 건조시킨 후 보관하는 방법은 과학적이라 할 수 있다.

(3) 선택 및 저장법

고비는 어리고 부드러운 것, 굵고 짧은 것, 새싹이 돋아 있으며 끝이 말려 있는 것, 통통하며 매끈한 모양을 지닌 것이 좋다.

7) 취(chyi)

(1) 원산지 및 특징

취는 산나물인 곰취, 단풍취, 참취, 수리취 등을 총칭하는 것으로 국화과에 속하는 다년생 초본이다. 우리나라, 중국, 일본, 사할린 등지에 분포하며 어린잎을 채취하여 식용한다. 5월말~6월 초순에는 울릉도산이, 7~8월에는 강원도산이, 9월에는 전라도산이 출하되며, 11~12월에는 하우스에서 재배하여 출하되고 있다.

(2) 성분 및 효능

주요 성분은 가식부위 100g 당 섬유질이 2.3% 함유되어 있고 그 밖에 무기질이 0.8%를 차지하며 그 중 칼륨의 함량이 높아 나트륨을 몸 밖으로 배출하는 작용을 하고 비타민 A도 많이 함유되어 있다.

취는 혈액순환을 촉진시키고 근육통이나 관절염, 요통, 두통에 효과가 있으며 민간에서는 뱀에 물리거나 타박상에 즙을 내어 바르면 치료 효과가 있다고 한다. 또한 가래를 삭이고 기침을 멈추게 하며 숨이 차고 피를 토하는 증상을 완화시킨다.

취는 나물을 만들어 먹고 꽃을 튀겨 먹기도 하며, 즙을 내거나 달여 마시고 가루로 빻아 복용하기도 한다. 약용으로 사용할 때는 장기간 복용해야 효과가 있다.

(3) 선택 및 저장법

생취는 고유의 푸른색을 띠는 것, 연하고 부드러운 것, 삶은 취는 색이 짙은 초록인 것, 짓무르거나 섬유질이 질기지 않은 것을 선택한다.

8) 비름(amaranth)

(1) 원산지 및 특징

비름은 다년생 초본으로 크기가 약 1m 정도이고 원산지는 인도이다. 오래 먹으면 장수한다고 하여 장명채라는 이름도 있다.

(2) 성분 및 효능

비름은 수분함량이 85.7%이며, 100g 당 42kcal를 낸다. 단백질이 2.9%, 당질이 7.4%, 섬유질이 1.5% 함유되어 있다. 무기질로는 칼슘과 칼륨이 매우 풍부하고, 비타민 A와 비타민 C가 다량 함유되어 있다. 어린순은 끓는 물에 데쳐 나물로 해서 먹으며 이질에 효과가 있다고 한다.

(3) 선택 및 저장법

비름은 꽃이 피지 않은 어린순인 것, 줄기가 굵고 거칠지 않은 것, 푸른 잎이 싱싱하고 연한 것이 좋다.

9) 씀바귀(sowthistle)

(1) 원산지 및 특징

씀바귀는 상추과에 속하는 봄을 대표하는 다년생 풀이다. 잎이 뿌리와 줄기에서 나오는 형태이며, 잎이나 줄기를 잘라 보면 쓴맛이 매우 강한 흰 즙이 나온다.

(2) 성분 및 효능

씀바귀의 수분함량은 82.7%이며 100g당 48kcal를 내고, 단백질이 3%, 당질이 8.4%, 섬유질이 1.7% 함유되어 있다. 무기질도 풍부하며 칼슘, 인, 칼륨이 다량 함유되어 있고 비타민 A와 비타민 C의 함량도 매우 높다.

씀바귀는 심신을 안정시키는 작용을 하고 민간요법으로 타박상에 씀바귀를 달여 먹거나 종기 난 부위에 즙을 바르면 효과가 있다고 한다. 이른 봄에 뿌리줄기를 캐어 나물로 무쳐 먹거나 부침으로 먹는다. 쓴 맛이 강하므로 데쳐서 찬물에다 오랫동안 우려낸 다음 조리하는 것이 좋다. 약용으로 쓸 때는 5~10g 씩 달여 먹으면 좋다.

(3) 선택 및 저장법

잎이 싱싱하며 짙은 녹색인 것, 잎이 지나치게 크거나 거칠지 않은 것이 좋다.

10) 참나물(wild plant)

(1) 원산지 및 특징

참나물은 우리나라 전 지역과 만주 일대에 살고 있는 다년생 초본으로 털이 있으며 줄기가 곧게 서는 특징이 있다. 셀러리와 미나리를 합한 듯한 향이 나고 부드럽고 연한 식감으로 한국인들이 즐겨 먹는다.

(2) 성분 및 효능

비타민 A의 전구체인 베타카로틴이 풍부하여 안구 건조증에 좋고, 칼륨은 나트륨의 배출을 도와 고혈압을 예방하고 식이섬유소가 많아 다이어트에도 도움이 된다. 참나물의 어린잎과 줄기를 쌈이나 나물, 튀김으로 먹으며 뿌리는 이질에 효과가 있다.

(3) 선택 및 저장법

참나물은 잎이 짙은 녹색을 띤 것, 줄기가 가늘고 연한 것, 특유의 향이 나고 싱싱한 것이 좋다.

11) 원추리(kuansh)

(1) 원산지 및 특징

원추리는 백합과에 속하는 다년생 초본으로 우리나라 전역과 만주, 중국, 동인도, 코카서스, 이란, 유럽 등지에 분포한다. 이름은 근심을 잊게 하는 식물이라는 훤초(萱草)에서 유래되었다. 원추리 꽃을 말린 것을 향낭에 넣고 다니면 득남한다는 속설이 있으며 뿌리에서 녹말을 채취하여 쌀, 보리 등과 혼합하여 떡을 만들어 먹던 구황 식품이다.

(2) 성분 및 효능

원추리는 단백질, 섬유질, 인과 칼륨이 함유되어 있으며 비타민 A와 C의 함량이 매우 높다. 뿌리는 자양강장제이며 폐결핵이나 빈혈, 황달, 변비에 좋은 식품으로 알려져 있다. 어린순은 달고 감칠맛이 나므로 고깃국에 넣어 먹기도 하며, 살짝 데쳐서 찬물에 헹구어 나물로 하거나 날 것을 기름에 볶아서 먹기도 한다.

(3) 선택 및 저장법

원추리는 어리고 연한 순인 것, 잎이 가늘고 연한 것이 좋다.

12) 질경이(plantain)

(1) 원산지 및 특징

질경이는 질경이과에 속하는 다년생 초본식물이며 들판 어디서나 쉽게 발견할 수 있다. 잎은 뿌리에서 자라며 군락을 이루어 주로 양지에서 자란다.

(2) 성분 및 효능

비타민 A, B_1, B_2, 칼륨과 칼슘, 나트륨의 함량이 높다. 가래가 많은 사람, 변비가 있는 사람, 몸에 열이 많아 소변을 잘 보지 못하는 사람에게 이롭다. 또한 간의 회복력이 탁월하기 때문에 어린 잎으로 차를 만들어 상복하는 것도 효과적이다. 질경이 씨앗은 배변에 효과가 있다고 하여 변비 치료제로 쓰인다.

잎과 뿌리를 국으로 끓여서 먹기도 하며, 데쳐서 나물로 먹기도 하고, 잎을 뜯어 쌈으로 먹기도 한다.

(3) 선택 및 저장법

질경이는 꽃이 피지 않는 어린 순인 것, 잎이 싱싱하고 짙은 녹색인 것, 잎이 지나치게 거칠지 않은 것이 좋다.

13) 봄동

(1) 원산지 및 특징

봄동은 한겨울 동안의 차가운 바람을 견디기 위해 척박한 노지에서 옆으로 퍼져 자라는 것이 특징이다.

(2) 성분 및 효능

배추의 일종이지만 배추에는 없는 항산화성분인 베타카로틴이 아주 많아 노화를 지연시키고, 파이토케미컬(phytochemical)과 퀘르세틴(quercetin), 캠페롤(kaempferol), 아릴이소티오시아네이트(allyl isothiocyanate) 등도 풍부하여 뛰어난 항암작용을 한다. 비타민 C는 오렌지보다 2배나 많아서 비타민의 보고라 할 수 있다.

그 외 몸을 따뜻하게 하고 피부미용에 좋으며 장을 활성화시키는 작용도 있다.

(3) 선택 및 저장법

봄동은 잎이 연하고 너무 크지 않은 것, 겉은 진한 녹색이고 속은 노란 것이 고소하고 좋다.

CHAPTER

05

버섯류

버섯(Mushroom)이란 세포에 엽록소가 없어 광합성 작용을 할 수 없기 때문에 생물에 기생하거나 죽은 생물체에 기생하는 균류 중 육안으로 확실하게 식별할 수 있을 정도의 크기를 가진 것을 버섯이라 칭한다.

Chapter 05

버섯류

버섯(Mushroom)이란 세포에 엽록소가 없어 광합성 작용을 할 수 없기 때문에 생물에 기생하거나 죽은 생물체에 기생하는 균류 중 육안으로 확실하게 식별할 수 있을 정도의 크기를 가진 것을 버섯이라 칭한다.

세계적으로 약 15,000여 종이 분포되어 있다. 그 중 식용버섯은 약 2,000여 종이며, 우리나라에 자생하는 버섯류는 약 980여 종이다. 계절적으로 대부분이 늦은 봄부터 가을까지 자연적으로 생성되는 경우가 많다. 봄, 가을 순으로 많은 양이 서식하고 재배 후 출하된다.

버섯 영양의 성분 중 단백질은 15~30% 정도의 많은 양을 함유하고 있는데, 그 성분 중에는 글루타민산, 아라신, 페니아라민, 로이신 등이 함유되어 버섯의 독특한 맛과 향기를 낸다. 저지방 식품으로 보통 2~10% 정도 함유하며, 맛 성분인 도레하로오스, 마니트가 10%씩 함유되어 있다. 펜토산, 메틸펜토산도 함유하고 있는데, 이 맛 성분이 많을수록 맛있는 버섯이다.

무기질도 다량 함유되어 있어 골격이나 치아 발육에 좋으며, 비타민 B, C, D를 함유하고, 비타민 A, F도 소량 들어있다. 그 중 비타민 B, D가 특히 많은데 프로비타민인 에로고스테린으로 존재하다가 자외선에 의해서 비타민 D_2로 변화한다.

1 표고(wild mushroom)

담자균류 주름버섯목 느타리과의 버섯으로, 봄과 가을 2회에 걸쳐 참나무류·밤나무·서어나무 등 활엽수의 마른 나무에 발생한다. 원목에 의한 인공재배가 이루어지며 한국·일본·중국에서는 생표고 또는 건표고를 버섯 중에서 으뜸가는 상품으로 여긴다. 한국·일본·중국·타이완 등지에 분포한다.

1) 원산지 및 특징

저장성을 높인 말린 표고는 '화고', '동고', '향고', '향신'으로 나누며, '화고'는 갓이 피지 않은 상태로 연갈색 바탕에 거북이 등처럼 갈라져 흰 줄무늬가 있다. 무늬가 많으면 '백화고', 검은 바탕이 많으면 '흑화고'라 한다. 겨울에 채취하는 '동고'는 갓 표면에 흰색 균열이 많이 있는 최상급의 '천백동고'가 있고, 천백동고가 비를 한번 맞아 균열의 흰색이 갈색으로 변한 것을 '다화동고'라 한다.

2) 성분 및 효능

생표고버섯은 수분 91%, 단백질 2.0%, 지질 0.3%, 탄수화물 5.5%이고, 비타민 B_1, B_2, 니아신, 칼륨, 인 등을 많이 함유되어 있다. 일광 건조로 버섯 중의 에르고스테롤이 칼슘의 흡수를 돕는 비타민 D로 전환된다. 헤미셀룰로스(hemlcellulose)와 트레할로스(trehalose), 만니트(mannit) 등이 많아 콜레스테롤 저하작용이 있고, 에리다데민(eritaderine)은 혈압 강하 작용이 있다. 항암 성분 및 효능인 베타글루칸(β-glucan)이 함유되어 있고, 간기능 강화, 혈중 콜레스테롤 강하, 바이러스 방해 물질 생산 등의 효능이 알려져 있다. 구아닐산(guanylic adic)은 특히 고혈압, 심장병 환자에게 효과가 있다. 원목재배나 블럭재배를 많이 하고 있다.

건표고버섯은 건고 과정 중에 렌티오닌(lenthionine)이 생겨 독특한 향을 갖는다. 표고버섯의 감칠맛은 구아닐산과 같은 핵산으로 핵산 복합 조미료의 원료로 사용되고, 글루탐산(glutamic acid)이 풍부하게 함유되어 있다.

생표고버섯은 볶음, 튀김 등에 사용하고, 건표고버섯은 조림, 밥, 육수용, 버섯전, 전골 등에 이용한다. 중국요리에서 많이 사용하고, 특히 돼지고기와 잘 어울린다. 서양요리에서는 볶음, 스프, 구이 등에 많이 사용한다.

표고버섯의 감칠맛은 구아닐산으로 핵산계 조미료의 성분이다. 향기는 렌치오닌에 의한다. 이 밖에 표고버섯에는 비타민 D의 효과를 가지는 에르고스테롤이 많이 함유되어 있어 체내에서 자외선을 받으면 비타민 D로 변한다. 한편, 식물체에는 존재하지 않는 것으로 알려져 있던 비타민 B_{12}가 표고 속에 많다는 것도 밝혀졌다.

특히, 표고버섯은 건조시키면 감칠맛이 강해진다. 건조 표고버섯을 물에 불릴 때 감칠맛이나 에리다데민이 물에 녹아 나오므로 표고버섯 자체를 이용하자면 단시간에 불려야 한다. 설탕을 조금 넣어두면 빨리 불릴 수 있고 감칠맛 성분도 쉽게 달아나지 않는다.

3) 선택 및 저장법

생표고버섯은 살이 두껍고 향이 좋으며, 갓은 완전히 벌어져 있지 않은 것이 좋다. 마른 표고버섯은 갓의 균열이 거북이등이나 국화꽃 모양인 것, 갓의 두께가 두껍고 균일한 것이 좋다. 생표고버섯은 신문지에 싸서 냉장고에 보관하고, 말린 표고버섯은 진공 팩에 넣어 햇볕이 잘 들지 않는 곳에 보관하거나 냉동고에 보관한다.

탄력이 좋고 이물질이 없으며 습기가 적어야 하고 버섯의 주름살이 갈색으로 변하거나 주름진 것은 조리 후 뭉개질 수 있으므로 주의한다.

2 송이(pine mushroom)

1) 원산지 및 특징

송이는 적송림의 소나무 숲에서 나는 향이 뛰어난 버섯이며 우리나라, 일본, 북한, 중국 대륙에 분포한다. 우리나라는 강원도 양양 지역, 경북 울진과 봉화 등에서 많이 생산되고 있다. 인공재배가 안 되고, 가을에만 얻을 수 있으므로 값이 비싸다. 갓의 지름은 5~20cm이고 엷은 갈색이며, 갈색섬유 모양의 가는 털로 덮여 있다. 채취 시기는 버섯의 갓이 반쯤 펴지기 전이 적당하며, 9월 초~10월 중순까지 30~40일간 채취한다.

2) 성분 및 효능

송이버섯 성분은 단백질 2.7%, 지질 0.3%, 탄수화물 8.8% 함유되어 있고, 식이섬유, 비타민 B_1, B_2, 에르고스테롤이 많이 들어 있다. 송이버섯의 향기 성분은 메틸(methyl)과 마스다케올(matsutakeol)이다. 전분과 단백질을 분해하는 효소가 많아서 송이버섯을 곁들인 음식은 소화가 잘된다. 송이버섯은 위암, 직장암을 예방하고 면역력 증가, 혈액순환 촉진, 편도선염 등의 염증 치료 효과가 있다. 또한 식이섬유가 많아 변비 예방과 당뇨병 치료에 효과가 있다.

송이버섯의 향을 살리기 위해 생으로 먹거나 살짝 구워야 하고, 찌개나 국에 넣을 때는 잠깐 끓여야 한다. 구이, 스프, 솥밥, 전골 등에 쓰이고 서양요리와 중국요리에도 사용된다.

3) 선택 및 저장법

육질은 은백색으로 두꺼우며 단단하고 탄력이 좋은 것, 갓의 색이 선명하고 신선한 것, 자루가 굵고 갓이 너무 피지 않은 것, 밑둥이 단단하고 표피가 잘 붙어 있는 것, 갓에 상처나 벌레의 충해가 없는 것, 대의 길이가 5~9cm 이내로 두툼한 것이 좋다. 송이버섯은 주로 통조림이나 염장을 통해 저장하고, CA저장법도 이용한다. 송이는 솔잎과 같이 저장하여 향이 날아가는 것을 방지한다. 구입 즉시 개별로 신문지나 신문지 등에 싸서 밀폐 용기에 넣은 후 냉장고에 보관한다.

3 양송이(mushroom, agaricus bisporus)

1) 분류 및 특징

송이과의 버섯으로 유럽이 원산지이며 세계적으로 널리 재배되고 유럽에서 많이 식용되고 있다. 우리나라에는 일본을 통해 들어오게 되었으며, 주로 산지는 한국 등 동남아시아 지역이다.

갓은 직경이 5~12cm이며, 어릴 때 빛깔은 백색이고 커지면서 담홍색, 갈색, 흑갈색으로 변한다. 양송이는 수확한 후 자른 자리가 폴리페놀라제(polyphenolase)에 의해 갈변된다.

2) 성분 및 효능

수분 90.8%, 단백질 3.5%, 지질 0.1%, 탄수화물 4.8%이고 인, 칼륨, 비타민

B_2, 니아신이 풍부하게 함유되어 있다. 유리아미노산인 아르기닌, 히스티딘, 이소루이신, 리신, 페닐알라닌, 프로린 및 티로신이 함유되어 있다. 필수아미노산을 함유한 저열량 고단백 식품으로 당뇨병과 비만 예방에 좋다.

소화효소인 트립신, 아밀라아제, 말타아제, 프로테아제 등이 함유되어 있어서 음식물의 소화를 돕는다. 또한 티로시나제(tyrosinase)가 함유되어 있어 빈혈 치료와 혈압조절작용이 있고, 버섯의 식이섬유는 콜레스테롤 제거, 담즙산 분비 등 성인병 예방 효과가 있다.

통조림용으로는 백색 소형의 것이 사용되며 서양요리의 스프, 샐러드, 볶음 등에 사용한다. 또한 양송이버섯은 육류와 맛이 잘 어울리므로 쇠고기 버섯볶음 등에 사용한다.

4 능이(sarcodon imbricatus)

1) 원산지 및 특징

원산지는 한국, 동아시아, 유럽 전역에 걸쳐 분포한다. 능이의 갓은 지름이 5~25cm 정도이며 버섯 높이는 5~25cm 정도로 처음에는 모양이 편평하나 성장하면서 나팔꽃분과 같이 퍼진 깔때기 모양으로 변한다. 중앙부는 대의 기부까지 뚫려 있다. 갓 표면은 거칠고 위로 말린 각진 인편이 밀집해 있다. 가을에 활엽수림 내 땅 위에 무리지어 나거나 홀로 발생한다. 인공재배가 되지 않아 귀한 식용버섯으로 사용된다.

2) 성분 및 효능

능이버섯으로 국, 찌개, 전골, 말려서 요리에 활용할 수 있다.

독특한 향기가 있는 식용버섯이나 생식하면 가벼운 중독 증상이 나타날 수 있다. 독특한 향기가 난다고 하여 향버섯이라고도 한다. 예로부터 민간에서나 한방에서 고기 먹고 체한 데 이 버섯을 달인 물을 소화제로 이용하였다. 아직 재배되지 않고 있으며, 송이처럼 귀한 버섯으로 취급된다.

3) 선택 및 저장법

흙을 제거한 후 물에 담그거나 끓는 물에 살짝 데친 후 일정한 크기로 손질하여 냉동 보관 또는 건조해서 보관한다.

5 느타리(pleurotus ostreatus)

1) 원산지 및 특징

느타리버섯은 송이과에 속하며 미루나무 등 활엽수 고사목이나 자른 그루터기에 자생하는 버섯으로 인공재배를 많이 한다. 자실체는 10~12월, 3~4월경에 발생하며, 갓은 회백색 또는 연한 회갈색으로 반원 또는 부채꼴을 이룬다. 가을철에 우리나라 전역에서 자라는데 중국, 일본, 유럽, 북미, 시베리아 등지에도 분포한다.

느타리의 갓은 지름 5~15cm 정도로 둥근 산 모양에서 성장하면서 조개껍질 또는 반원형으로 되며, 종종 깔때기 모양으로 된다. 갓 표면은 매끄럽고 습기가 있으며 회색, 흑색, 회갈색 등 다양하다. 조직은 두껍고 탄력이 있으며 백색이다. 주름살은 내린주름살형으로 백색 또는 회색이고 약간 빽빽하다. 대의 길이는 1~4cm 정도이며 측심형 또는 편심형이며 표면은 백색이고, 대기부에는 백색의 짧은 털 모양의 균사로 덮여있다. 가끔 대가 없이 갓이 기주에 부착한 경우도 있다. 포자문은 백색 또는 연한 자회색이며 포자모양은 타원형이다.

2) 성분 및 효능

수분 90.9%, 탄수화물 5.8%, 단백질 2.6%, 지질 0.1%가 함유되어 있고 칼륨, 인과 비타민 C, 에르고스테롤(ergosterol)이 많다. 항암, 항종양, 동맥경화, 고혈압 예방치료에 효과가 있다. 렌티오닌(lenthionine)에 의해 특유의 향기가 있다.

나물, 국, 찌개, 무침, 버섯밥 등에 이용된다. 스프에 넣기도 하고, 소금을 뿌려 굽거나 튀김에 사용한다. 소금 절임을 하기도 한다.

느타리버섯은 삶으면 부드러워져 입 안의 촉감이 좋아진다. 따라서 이것을 국거리로 하거나 삶아서 나물 음식 등에 사용한다. 또 부침개·전골 등 여러 가지 조리법이 있다. 중국에서는 오심으로 목이, 표고, 향심(표고), 육심과 느타리버섯을 들고 있다.

3) 선택 및 저장법

표면에 윤기가 나며, 대의 길이와 갓의 크기가 일정하고 크기가 다른 것이 10% 이하인 것이 좋다. 두께가 두껍고 탄력이 있으며 고유의 향기가 있고 육질이 부드러운 것이 좋다.

6 목이(auricularia auricula-judae)

1) 원산지 및 특징

목이버섯은 한국, 일본, 중국 등지에 분포하며 표고버섯, 송이버섯 다음으로 많이 식용하고 있다. 목이버섯은 짙은 갈색의 귀 모양이고, 조직이 한천질로 탄력이 있고 질긴 편이며 건조하면 딱딱해진다. 표면은 암적갈색이고 매끄러우나 건조하면 흑갈색의 광택이 난다.

2) 성분 및 효능

건목이버섯에는 단백질이 10.0%, 탄수화물 71.4%, 식이섬유 18.2% 함유되어 있으며 칼슘, 인, 칼륨, 철, 비타민 D, 엽산 등도 함유되어 있다. 식이섬유 함량이 많아 정장작용을 하며 혈액의 응고를 억제하여 심장병이나 뇌졸중 예방에 효과가 있다.

3) 선택 및 저장법

건목이버섯은 잘 건조되어 있어 잘게 부서지지 않고 제 모양을 갖춘 것이 좋다. 살이 두껍고 단단한 것, 선택이 검고 맑은 것을 구입한다. 버섯은 구입 즉시 밀폐 용기에 넣어 냉장고에 보관한다. 건목이버섯은 조리할 때 불려서 사용하며 약 10배 정도로 부피가 늘어난다. 씹는 촉감이 뛰어나 돼지고기와 두부요리에 잘 어울린다. 중국요리의 스프, 볶음, 탕수육 등에 사용한다. 그 외 전골, 각종 우동, 국물 요리, 잡채 등에 이용한다.

7 석이(manna lichen)

1) 원산지 및 특징

석이버섯은 석이과에 속하며 고산지대 바위에서 자라는 버섯으로 우리나라, 일본 등지에 분포한다.

석이버섯의 표면은 회갈색이고 안쪽은 흑색으로 털이 나있다. 습할 때는 부드럽지만 마르면 부서지기 쉽다. 담백한 맛과 씹히는 맛이 좋다.

2) 성분 및 효능

석이버섯 말린 것은 식이섬유가 52.9%로 가장 많고 칼륨, 칼슘, 인, 철이 함유되어 있다. 한방에서 하혈, 각혈 등 지혈제로 이용하고 시력, 기력을 회복시키는 식품이다.

초무침, 튀김, 무침에 이용하고 채 썰어서 고명으로 사용하며 말려서 가루를 내어 떡에 이용한다.

3) 선택 및 저장법

실온에 보관하고 말린 것을 사용할 때에는 미지근한 물에 불린 후 손으로 비벼서 뒷면의 이끼와 돌을 잘 제거하여 사용한다.

8 / 송로(truffle)

화이트 송로 버섯

블랙 송로 버섯

1) 원산지 및 특징

송로버섯은 이탈리아, 프랑스, 스페인 등의 중부 유럽에 분포한다. 떡갈나무 숲 땅속에 자실체를 형성하며 지상에서는 발견하기 힘들다. 나무뿌리 근처의 땅속에서 8~30cm 정도로 자라며 나뭇가지가 뻗어 있는 둘레를 지나서는 결코 볼 수 없다. 송로는 찾기 어려워 몇 년 동안 특별히 훈련된 동물을 이용해서 찾게 되며, 일단 찾으면 농부는 손이 버섯에 닿지 않도록 조심해서 땅을 판다. 이 버섯은 호두 크기에서 주먹크기만한 감자 모양을 하고 있다. 표면은 흑갈색이고 내부는 처음에는 백색이나 적갈색으로 변한다.

가장 품질이 좋은 블랙 트러플(black truffle)은 이탈리아의 움브리아주, 프랑스의 페리고르(Perigord)와 케르시(Quercy) 지역에 존재한다. 극도로 얼얼한 맛의 과육은 하얀 줄무늬에 검정색을 띤다. 다음으로 인기 있는 화이트 트러플(white truffle)은 이탈리아 피에몬트(Piedmont) 지역에서 자라며 흙냄새가 나고 마늘 같은 맛과 향이 있다. 땅속의 다이아몬드라고 불리는 송로버섯은 '캐비어(caviar)', '거위간(foie gras)'과 함께 세계 3대 식재료 중 하나이다.

트러플 표면에 묻어있는 먼지를 잘 털어낸 다음 어두운 색의 트러플은 껍질을 벗겨 수프에 사용하기 위해 남겨두고 흰색의 송로는 껍질을 벗길 필요가 없다. 트러플 통조림, 튜브에 든 트러플 페이스트, 제한적인 양으로 얼린 트러플은 특산품 상점에서 구입할 수 있다.

어두운 색의 트러플은 오믈렛, 폴렌타(polentas: 보리, 옥수수, 밤가루 등으로 만든 죽), 리소토(risotto) 등에 사용되며 트러플소스(Perigueux sauce: 데미글라스+마데라 와인+트러플)가 음식에 맛을 내기 위해 사용된다. 부드러운 향미가 있는 흰색 트러플은 대개 파스타나 치즈 요리 같은 음식 위에 신선한 것을 갈아서 뿌린다. 트러플 슬라이서(truffle slicer)라고 하는 특별한 기구가 송로를 써는 데 사용된다.

매우 강한 향을 지니므로 가루를 내어 음식에 뿌려 먹거나 스프, 소스, 샐러드, 전채요리, 고기요리 등에 곁들여 이용하고, 장식으로 사용한다.

2) 성분 및 효능

단백질 3.0%, 탄수화물 5.3%이고 비타민 B_6, C가 함유되어 있으며 철, 칼륨이 풍부하게 함유되어 있다. 송로버섯의 방향 성분 및 효능은 α −안드로스테론(α-androsterone)이다. 식이섬유가 풍부하고 저칼로리 식품으로 비만 예방에 효과적이다.

3) 선택 및 저장법

신선한 상태로 수입되는 트러플은 늦가을에서 겨울 중순까지 특산품 시장에서 판매되며, 단단하고 모양이 좋으며 흠이 없는 것을 골라야 한다. 구입 후에 가능한 빨리 사용해야 하나 냉장고에서 3일 동안 보관할 수 있다. 향을 즐기려면 쌀이나 달걀이 들어 있는 용기에 트러플을 넣고 단단히 덮은 다음 냉장고에 넣으면 향이 함께 들어 있는 식품에 흡수되어 더욱 향을 즐길 수 있다.

송로버섯은 갓이 깨끗하고 기둥은 단단하며 향이 있는 것이 신선하다. 마른 행주로 표면을 닦아 주고, 기둥을 위로하여 랩을 씌워 1~5℃의 온도에서 보관한다. 3일 정도가 최대 보관 기간이다.

9 노루궁뎅이(hericium erinaceum)

1) 원산지 및 특징

한국, 중국, 일본, 유럽 등의 지역에 분포되어 있으며, 여름에서 가을까지 활엽수의 줄기에 홀로 발생하며 부생생활을 한다. 식용버섯으로 톱밥을 이용한 인공재배가 이루어진다.

버섯 갓은 지름이 5~20cm로 달걀형, 난구형으로 나무줄기에 거꾸로 매달려 붙어 성장하고, 길이 1~5cm 정도 되는 수염이 많이 있어 버섯 전체가 백색이고 고슴도치 모양을 하고 있다. 처음에는 백색에서 황색이나 나중에는 담황토색으로 변한다. 버섯의 색깔이 유백색일 때가 최적의 수확 시기이다. 조직은 부드럽고 건조해지면 스펀지 모양이 되고 물을 빨아들인다.

식용, 약용, 항암 버섯으로 이용하며 농가에서 재배하고 있다.

2) 성분 및 효능

탄수화물, 단백질, 아미노산, 비타민, 무기질, 효소 등이 풍부하다. 베타글루칸(β-glucan)이 다량 함유되어 있어 면역 기능을 활성화하고 암세포 증식을 억제한다.

최근 노루궁뎅이버섯의 균사체에서는 에리나신(erynacin)이라는 신경 성장인자 합성 촉진 물질이 발견되어 뇌신경 계통에도 효과가 있다. 보통 반찬, 국이나 찌개에 등에 넣어 요리한다.

노루궁뎅이 버섯는 흐르는 물에 깨끗이 씻어 한 번 데치면 약간 쓴맛이 없어지며 쫄깃하고 담백한 맛을 낸다.

3) 선택 및 저장법

버섯 모양은 원숭이 머리와 비슷하며 구형인 것을 고르고 온도는 1~5℃에서 7일정도 냉장 보관한다.

10 팽이(enokitake)

한국, 일본, 중국, 유럽, 북아메리카, 오스트레일리아 등에 분포한다.

팽이버섯은 담자균류 주름버섯목 송이과에 속하며 감나무, 팽나무, 느티나무, 뽕나무에 야생하고 병 재배로 인공재배가 가능하다. 늦가을에서 이른 봄에 팽나무 등의 활엽수의 죽은 줄기 또는 그루터기에 소복하게 자란다. 갓은 지름 2~8cm이며 처음에 반구 모양이다가 나중에 편평해진다. 갓 표면은 점성이 크고 노란색 또는 누런 갈색이며 가장자리로 갈수록 색이 연하다. 버섯대는 굵기 2~8mm, 길이 2~9cm이고 위아래의 굵기가 같으며 연골질이다.

1) 원산지 및 특징

천연 팽이버섯은 황갈색이나 밤색을 띤다. 갓이 백색, 중심부가 담갈색이고 살이 두꺼운 것이 상품이다. 재배 팽이버섯은 어두운 실내에서 생육시키기 때문에 줄기가 길고 흰 콩나물 형태이다.

2) 성분 및 효능

팽이버섯은 칼륨, 인, 비타민 B_1, B_2, C, 엽산이 풍부하다. 항암작용, 위궤양 예방, 고혈압 방지, 피부 미용에 효과가 있다. 찌개, 국, 튀김에 사용되며 전골류나 샤브샤브, 스프, 샐러드의 재료로 이용된다.

3) 선택 및 저장법

살이 두껍고, 부리 부분이 짙은 갈색인 것, 탄력이 있고 갓이 피지 않고 일정하게 작은 것, 갓의 수분이 적고 미끈거리지 않은 것, 버섯 밑동이 흰곰팡이가 없고 치밀한 것이 좋다. 냉장보관 시 톱밥을 제거하지 말고 그대로 보관한다.

11 독버섯

1) 일반적인 특징

세로로 찢었을 때 부서지거나 찢어지지 않고 색이 진하고 화려하며, 쉽게 변하고 끈적거리는 유즙이 나온다.

독버섯을 섭취 시 구토, 설사, 위장의 통증과 같은 증세로 탈수 상태에 이르며, 심한 위장증상을 나타내고 환각, 경련 등을 일으킬 수 있으며 치사율이 높다.

2) 종류

독버섯은 여러 형태로 구분되는데 자실체가 백색이며 대에 침이 없는 것은 알광대 버섯, 독우산 광대버섯, 흰알광대버섯, 갓에 사마귀나 비늘이 없는 것은 큰갓버섯, 흰갈대버섯, 마귀광대버섯, 광대버섯이 있다. 토양, 퇴비, 부후목, 고사목에 발생하는 버섯은 목장말똥버섯, 갈황색 미치광이버섯, 술과 함께 먹으면 중독되는 증상이 나타나는 것은 두엄먹물버섯, 배불뚝이 깔때기버섯 등이 있다.

MEMO

CHAPTER

06

육 류

축산의 기원은 농경문화 시작보다 앞서는데, 인류는 불을 발견하면서부터 고기를 구워 먹게 되었고 그로부터 육류는 인간의 식생활에 있어 가장 중요하고 필수적인 단백질 공급원이 되었다.

Chapter 06 육 류

축산의 기원은 농경문화 시작보다 앞서는데, 인류는 불을 발견하면서부터 고기를 구워 먹게 되었고 그로부터 육류는 인간의 식생활에 있어 가장 중요하고 필수적인 단백질 공급원이 되었다. 육류는 도살된 후 근육이 뻣뻣하게 굳었다가 일정 시간이 지나면 다시 부드러워지는데 이것을 '사후경직'이라 하며 이는 육류의 종류, 온도에 따라 차이가 난다. 큰 동물의 근육일수록 사후 경직시간도 길어진다. 소의 경우 경직시간이 24~48시간 걸리고 돼지는 12~20시간, 닭은 12시간 이하로 걸린다.

또한 경직기를 지난 육류는 자기 소화기에 들어가는데 이 과정을 '고기의 숙성'이라고 한다. 육류는 숙성과정을 거쳐야 고기가 연해지고 보존성도 증가되며 맛과 향이 좋아진다.

육류는 대체로 수분 60~75%, 단백질 20%, 지방, 그리고 소량의 당질, 칼슘, 인, 철 등의 무기질, 비타민류 등으로 구성되어 있는데, 육류 고형분의 약 80%가 단백질로 이루어져 있어 양질에 속한다.

육류의 자체 열량은 낮지만 철분과 지방의 연소를 촉진시켜 인체 내에서 합성하여 고열량을 낸다. 육류의 지방함량은 종류와 부위에 따라 다르고, 동물성 기름은 포화지방산의 양이 식물성 기름보다 많아 고협압이나 동맥경화와 같은 성인병의 원인이 되므로 과잉섭취는 자제하는 것이 좋다.

색소 단백질은 미오글로빈과 혈색소인 헤모글로빈이며, 육류를 장시간 가열했을 때 우러나오는 크레아틴, 인산, 글루타티온 등이 육류의 맛 성분인 엑기스류에 속한다. 따라서 너무 구우면 맛이나 영양성분이 떨어지게 된다.

1 소(cow)

✣그림 6-1 소의 부위별 명칭

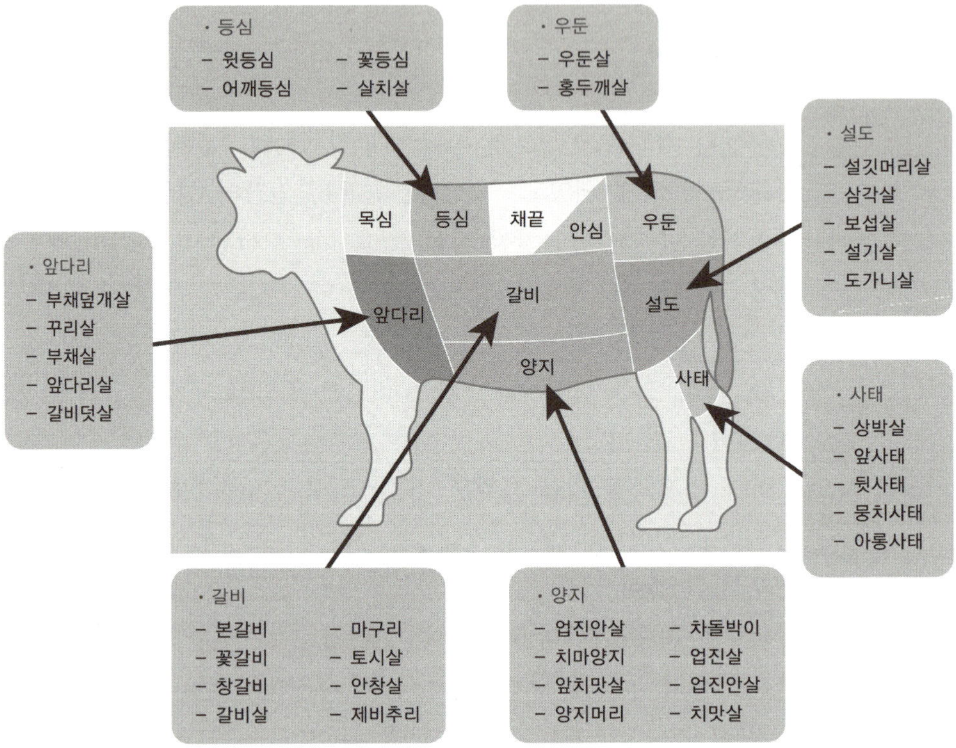

1) 원산지 및 특징

소는 전 세계적으로 식육 자원에 이용되는 가축으로 보통 육우, 역우, 젖과 고기를 얻는 병용종으로 이용된다. 육우는 고기를 얻기 위해 사육되는 품종이고 외형상의 특징은 다리가 짧으며 어깨 부위가 앞가슴 부위, 뒷다리 부위의 근육이 잘 발달되어 있다. 한우, 유럽종, 아세아종으로 구분된다. 국내산 쇠고기는 외국의 소가 국내에 들어와 6개월 이상 풀을 뜯어먹은 후에 도살된 쇠고기를 말하며, 냉동으로 수입이 되는 수입 쇠고기와 구별된다. 젖소는 영양소가 우유로 빠져나간 늙은 젖소를 도살한 고기이며, 육질이 질기고 맛이 떨어져 가격이 상대적으로 저렴하다.

2) 성분 및 효능

소고기의 구수한 맛은 주로 이노신산인데, 이것은 소를 도살한 후 4~5℃ 정도에 약 10일간 보존하는 숙성기간 중에 다량 생긴다. 쇠고기의 영양 성분은 품종, 연령, 부위, 곡물이나 풀 등의 사료에 따라 차이가 있으며, 육류의 단백질 함량은 근섬유의 양에 따라 다르고 보통 20% 정도 함유되어 있다.

성분은 60~80%가 수분이고 수분을 제외하면 단백질이 주성분이다. 단백질에 이어 중요한 것은 지방으로 피하, 장강, 근육에 축적되는 부위에 따라 함량이 다르다. 고기에는 소량의 글리코겐, 포도당, 갈락토스 등의 탄수화물이 들어 있다. 글리코겐은 새로 잡은 고기에 많이 있고 숙성할수록 분해되어 양이 감소한다.

숙성이 끝난 고기는 장기간 보존할 수 없으므로 급속냉동을 시켜 −20 ℃ 이하에서 보존한다. 소고기를 공기에 접촉시키면 적색의 육색소인 미오글로빈이 산화되어 갈색의 메트미오글로빈으로 변화되고, 지방도 산화되어 산패되므로 곧 사용하지 않을 경우에는 공기에 접촉되지 않도록 포장하여 냉장 보관한다.

운동량이 많은 목심, 양지, 사태 등의 부위는 결체조직이 많아 질기나 움직임이 적은 안심, 등심 등의 부위는 결체조직이 적어 연하다. 질긴 부위는 물과 함께 장시간 가열하는 습열 조리법이 적당하고, 연한 부위는 건열조리법이 적당하다.

3) 선택 및 저장법

육류는 수급 상태, 고기의 부위, 사료의 가격에 따라 육류 가격이 다르며 조리 목적에 따라 고기의 종류와 부위를 선택하게 된다.

신선한 쇠고기는 육색이 선홍색을 띠며 조직이 치밀하고 단단하다. 썰었을 때 육즙이 나오지 않는 것이 좋은 것이며, 지방의 색은 흰색이나 연한 크림색으로 광택이 있는 것을 선택한다.

쇠고기를 고를 때는 근내지방이 섬세하고 고르게 분포되어 있는 것이 부드럽고 맛이 좋다. 흔히 고급육이라고 부르는 것은 연한 정도, 다즙성, 향미에 의해 좌우되며, 근내지방이 많을수록 좋다.

쇠고기의 색깔은 선홍색을 띠면서 윤기 있는 것이 좋다. 고기를 썬 직후에는 암적색을 나타내며, 공기 중에 노출되면 미오글로빈이 산소와 결합하여 선홍색이 되고, 시간이 오래될수록 육색은 갈색으로 변화된다. 그리고 나이가 많거나 운동량이 많은 부위일수록 육색은 짙어진다.

지방색의 경우 흰색이나 연한 크림색을 나타내면서 윤기가 나는 것이 좋다. 지방색은 사료, 나이, 영양섭취 상태 등에 따라 진한 노란색을 보이거나 푸석해진다.

4) 부위별 특징

✢표 6-1 소의 부위별 특징

부위명	특징	
윗등심	등심 중 끝에 해당하는 부위로 지방이 적당하고 부드러운 것이 특징이다. 덩어리째 조리하는 로스트비프부터 스튜, 찜은 물론 구이나 샤브샤브 등의 요리에 다양한 활용이 가능하다.	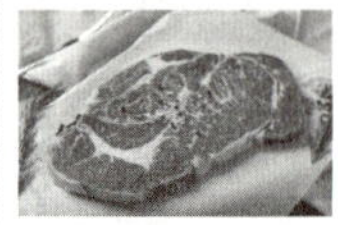
꽃등심	윗등심과 채끝살 사이에 있는 중간 부위로 살이 가장 두툼하고 지방이 많으며 마블링이 있다. 육질의 결이 곱고 부드러워서 스테이크, 전골 등 육질 자체를 음미하는 요리에 적당하다.	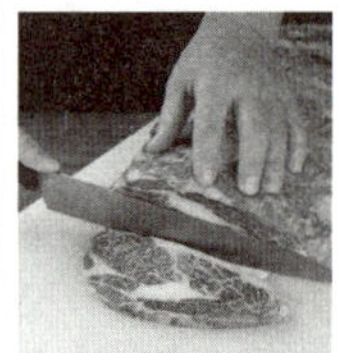
채끝살	등 부분에 위치하고 있고 근육이 적어서 부드러우며 감칠맛이 있다. 육즙을 즐길 수 있는 마블링이 많다. 붉은 살코기 부위는 세로 1cm 두께로 썰어서 먹으면 좋다.	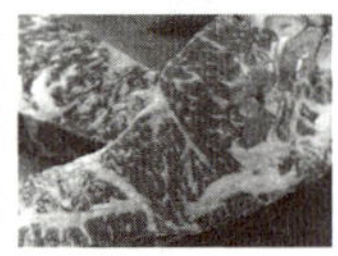
양 지	갈비뼈 주변 부위로 결합 조직이 많아 거칠고 질기다. 붉은 살코기와 지방이 층을 이루어 맛은 농후하며 카레나 스튜 등의 요리에 적합하다. 얇게 잘라 놓은 갈빗살은 구이용으로도 좋다.	
안창살	횡경막 근육 부위로 내장육에 해당된다. 부드럽고 붉은 살코기에 가까운 식감을 느낄 수 있다. 양지나 등심 등에 비해 지방이 적어 담백한 구이용으로 적합하다.	
설 도	지방이 적은 살코기 부위로 도가니살과 설깃살이 있다. 도가니살은 부드럽고 맛이 좋으며 육질이 균일해서 로스트비프 등에 사용한다. 설깃살은 결이 거칠고 단단해서 탕 요리에 보다 적합하다.	
안 심	채끝살 안쪽에 위치하고 있으며 육질이 매우 부드럽고 결이 고우며 지방이 적은 부위다. 스테이크나 소고기 커틀릿(규카츠) 등 굽거나 튀기는 요리에 좋다.	
둔 살	엉덩이 부위로 붉은 살코기가 많고 조직이 촘촘하며 풍미가 있다. 부드럽고 지방도 적당해서 스테이크 외에 로스트비프, 타다키, 육회 등 다양한 요리에 이용할 수 있다.	

5) 육가공품

육가공품은 식육을 가공하여 특유의 맛을 살리면서 보존성을 높이고, 독특한 향미를 부여한 제품으로 사용원료나 제조법에 따라 다양한 종류의 제품들이 있다.

✣그림 6-2 소시지로 만들어 주는 식육점

(1) 햄(ham)

햄은 돼지고기의 넓적다리 살을 일컫는 말이며, 그 가공품도 햄이라고 한다. 현재는 다릿살 이외의 고기를 사용한 제품도 햄이라고 한다. 햄은 훈연과정에서 연기 속에 포함된 알데하이드류나 페놀류가 고기 속에 침투하여 방부효과가 증가되는 동시에 독특한 풍미를 가지게 된다. B.C 1000년경 그리스에서는 고기를 훈연한 것이나 염장한 고기를 먹었으며 시대를 거치면서 이것이 유럽에서 점차 가내공업으로 발달하였고, 근대에 와서는 대규모 공장공업으로까지 발전하였다.

햄의 제조는 돼지고기를 아질산 및 질산의 나트륨 또는 칼륨염과 같은 발색제와 설탕 등을 가한 소금물에 담그거나 발색제를 가한 소금을 직접 고기에 뿌리는 방법으로 만들어진다. 햄의 주성분은 단백질과 지질이며, 필수아미노산을 골고루 함유하지만 비타민류의 함유량은 적다.

햄을 선택하는 기준으로는 제품에 기재된 중량, 제조연월일, 사용 첨가물 등을 확인해야 하며, 냉장보관하고 손가락을 눌러 탄력이 있는 것이 좋고, 표면에 곰팡이나 점액이 붙어 있지 않은 것이어야 한다. 주로 샌드위치, 바비큐, 볶음요리 등에 사용된다.

(2) 소시지(sausage)

정육 이외의 먹을 수 있는 부분, 즉 골, 혀, 귀, 염통, 콩팥, 코, 창자, 혈액 등의 부산물을 이용 가능하게 하기 위해 만들게 된 제품으로 오래 전부터 있었던 가공품이다. 보통 원료로는 햄을 만들 때 나오는 부스러기 고기를 사용하며 돼지기름을 많이 넣으면 유연성이 증가되고 입에 닿는 촉감이 좋아진다. 소시지는 영양적으로는 햄보다 단백질이 적은 반면 지질이 많으므로 칼로리가 높다.

(3) 베이컨(bacon)

돼지의 뱃살을 소금에 절인 후 훈연시킨 가공품으로 제조법은 햄과 거의 같으나 소금 절임의 방법이나 사용하는 주위가 조금 다르다.

베이컨에는 돼지의 뱃살을 사용한 정상적인 제품 외에 옆구리살을 원통형으로 만든 롤드 베이컨, 훈연을 하지 않고 삶기만 한 보일드 베이컨, 로스 고기를 사용한 로스 베이컨(덴마크식 베이컨), 뼈 있는 로스를 사용한 캐나다식 베이컨 등 여러 가지가 있다.

베이컨과 같이 지질이 많은 식품에서는 훈연에 의하여 독특한 풍미와 지질의 산화방지작용이 이루어지므로 조리에 널리 이용된다.

(4) 콘비프(corned beef)

콘비프는 소금물에 절인 쇠고기(Brisket 뱃살, 가슴살)를 말한다. 콘비프에서 'corned'은 '소금으로 간을 맞춘'이라는 뜻이다. 콘비프는 물을 많이 붓고 양배추와 감자를 넣어 오랫동안 끓이고 양배추와 감자가 물러질 정도로 푹 익으면 같이 먹는다. 샌드위치로 먹거나 아침에 달걀과 같이 제공되며 훈제된 콘비프는 차게 해서 잘라먹기도 한다.

(5) 육포(beef jerky)

주로 쇠고기의 홍두께 부위를 엷게 저며 양념에 의해 숙성시킨 건조육으로, 식량을 저장하기 위한 수단 중 하나로 발달된 식품이다. 고단백공급원으로 저온 저장 할 필요가 없어 운반이 용이하며 가정에서는 냉동 보관한다. 먹을 때는 불에 살짝 구워 연하게 두드려서 먹는다.

2 ⁄ 돼지(pork)

✣그림 6-3 돼지의 부위별 명칭

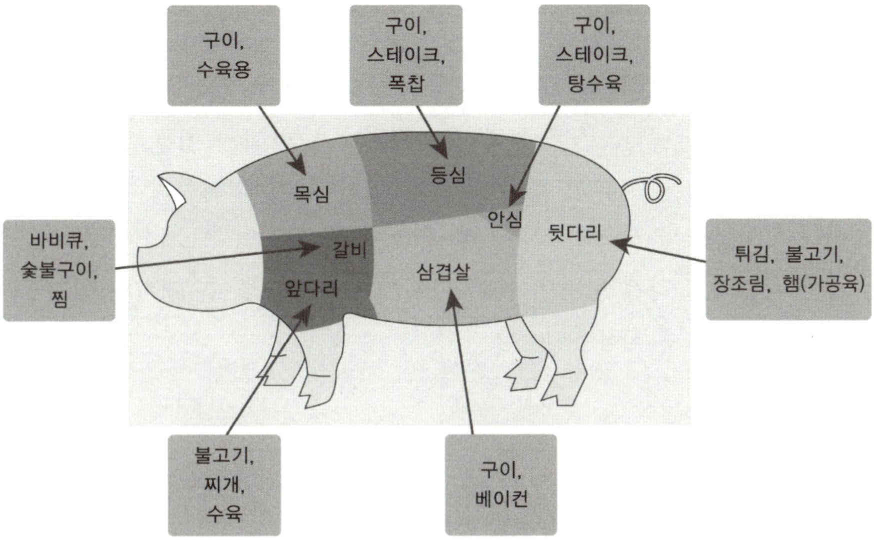

1) 원산지 및 특징

돼지고기는 신선한 고기뿐만 아니라 베이컨이나 햄과 같은 육가공품 생산에 사용되며, 성분조성은 품종과 성별, 연령, 영양 상태와 부위 등에 따라 차이가 크다.

2) 성분 및 효능

돼지고기에는 갈고리촌충 등의 기생충이 있을 염려가 많으므로 날로 먹는 일은 피하고 반드시 충분히 익혀서 먹어야 한다. 그러나 너무 익히면 본연의 맛을 잃게 되므로 구이를 할 경우는 우선 강한 불로 양쪽 면을 완전히 익힌 다음 불을 낮추어 속까지 익도록 뚜껑을 덮어 익히는 것이 좋다.

돼지고기는 50~70% 정도의 수분을 함유하며, 수분함량이 육질에 대해 미치는 영향이 가장 크다. 즉 수분함량의 상태가 가공성, 저장성, 맛, 색 등에 관여하므로 중요한 성분이다. 수분함량이 많으면 지질함량은 상대적으로 적고, 보수성(water holding capacity, WHC)이 높은 것이 풍미가 좋다.

3) 선택 및 저장법

돼지고기는 색깔이 선명하고 윤기가 있는 담홍색이 좋으며, 기름지고 살코기가 두꺼운 것이 좋다. 규격등급은 도체의 중량, 등 부위 지방두께, 비육상태 등에 따라 A~D의 4개 등급으로 구분된다. 돼지고기의 육색은 옅은 연한 분홍색을 띠면서 윤기가 나는 것이 좋다.

비육이 잘 된 돼지고기는 지방색이 희고 단단할 뿐만 아니라 육질이 연하고 향미가 좋다. 반면 지방이 무르거나 노란색을 띠는 고기는 좋지 않다.

지방은 특유의 향이 있으며 고기 사이에 적절히 분포되어 있다. 돼지고기의 지방은 음식을 연화시키며 풍미를 좋게 한다. 돼지껍데기는 구워서 먹으며 단백질과 콜라겐 함량이 높아 다이어트용으로 좋다. 돼지의 창자, 간, 허파는 순대의 주재료로 사용한다.

4) 부위별 특징

✣ 표 6-2 돼지의 부위별 특징

부위명	특징	
목 심	등심과 연결된 어깨 부위로 붉은 살코기 속에 지방이 그물망처럼 퍼져있고 감칠맛이 있어 특유의 농후한 맛을 즐길 수 있다. 굽고 끓이고 튀기고 볶는 등 다양한 요리에 잘 어울려 폭넓게 사용되는 부위다.	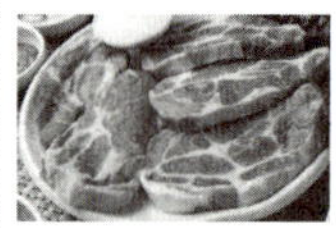
등 심	등의 중앙 부분으로 조직이 촘촘하고 결이 부드러우며 붉은 살코기와 지방의 밸런스가 좋은 것이 특징이다. 부드러운 풍미가 있어서 샤브샤브, 돈가스, 철판구이 같은 요리에 적합하다.	
삼겹살	지방과 붉은 살코기가 3겹으로 되어 있어 '삼겹살'이라고 한다. 지방 비율이 높아서 장시간 가열해도 육즙이 남아 있기 때문에 큼직하게 썰어서 끓이는 요리나 구이에 적합하다.	
돼지갈비	배 쪽 늑골에 붙어있는 부위를 '스페어립'이라 하며, 지방이 적당해서 바비큐나 탕 요리용으로 적합하다. 중앙 뼈에 붙은 등심육인 '등갈비'는 스페어립보다 지방이 적고 깔끔한 맛이 난다.	
안 심	등심 안쪽에 위치하고 있으며 돼지 한 마리에서 2% 정도밖에 얻을 수 없는 귀한 부위다. 돼지고기 중에서 가장 결이 곱고 부드러우며 지방도 적기 때문에 돈가스 등 기름으로 튀기는 요리에 자주 사용된다.	

5) 멧돼지고기(brawn)

가축한 돼지고기보다 선홍빛이 강한 멧돼지고기는 비계와 쫄깃한 살의 맛이 어우러져 감칠맛이 풍부하다. 고기 안에 퍼져 있는 지방의 분포와 양이 적당해 고소하면서도 담백한 맛을 내 돼지고기와는 전혀 다른 고급스러운 맛을 낸다. 육류 특유의 누린내가 없으며 구운 후 시간이 좀 지나도 다른 고기처럼 딱딱해지지 않는 특징을 가지고 있다. 영양성분은 수분 60.1%, 단백질 18.8%, 지질 19.8%, 회분 0.8%, 비타민 B_1 0.24mg/100g, 비타민 B_2 0.29mg/100g으로 이루어져 있다.

3 닭(chicken)

닭의 품종은 용도별로 달걀 생산을 주 목적으로 하는 난용종, 고기 생산을 주 목적으로 하는 육용종, 고기와 달걀 생산을 주 목적으로 하는 난육겸용종, 애완동물로 기르기 위한 애완종으로 나뉜다.

✣그림 6-4 닭의 부위별 명칭

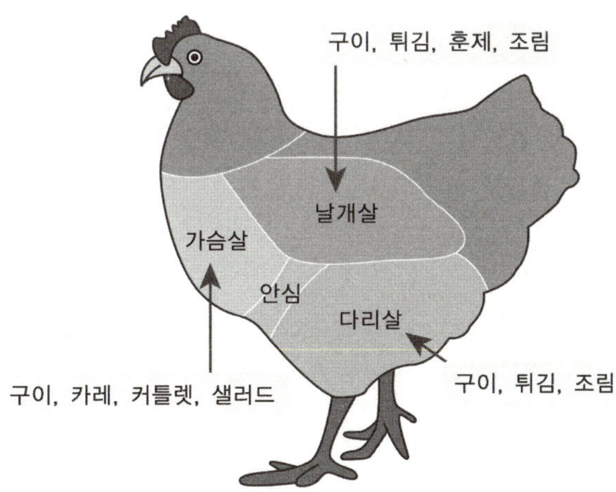

1) 원산지 및 특징

닭은 B.C.1700년경 인도에서 기르기 시작하였으며 처음에는 신성시되었으나 점차 달걀을 먹으면서 닭도 식용하게 되었다. 닭은 극지방을 제외한 전 세계에 분포되어 있다.

닭고기의 근섬유는 얇고, 길이가 짧아 부드러우며 껍질에 지방이 많이 존재하고, 부위에 따라 지방 함량과 색이 다르다. 닭고기의 가슴살은 흰색으로, 단백질이 많고, 지방이 적어 맛이 담백하고 퍽퍽하며, 닭고기의 날개살은 지방이 많아 맛이 좋다. 다리살은 근섬유가 적당히 발달되어 질감이 좋아 선호한다.

닭고기의 부위별 명칭은 다리살, 안심, 날개살, 가슴살로 나눠진다.

2) 성분 및 효능

닭고기는 연하고 맛과 풍미가 담백하여, 조리하기 쉽고 영양가도 높아 전 세계적으로 폭넓게 요리에 사용된다. 닭고기의 성분은 단백질 19%, 지질 10.6%, 칼슘 10mg/100g, 인 170mg/100g, 비타민A 50RE/100g, 비타민 B_1 0.20mg/100g, 비타민 B_2 0.21mg/100g 등을 함유한다. 또한 닭고기에 맛을 내는데 영향을 주는 성분으로 이노신산, 글루타민은 좋은 맛과 짠 맛에 영향을 주며 칼륨은 단맛에 영향을 준다. 고기의 맛을 형성하는 숙성은 보통 닭이 1일 정도이며 숙성에 의하여 맛이 더 좋아지고 글루타민산 함유량도 많다.

3) 선택 및 저장법

등급판정일자를 확인한 후 신선도를 보고 위생적으로 가공, 포장되었는지 살펴보아야 한다. 시중에서 유통되는 닭고기 품질등급은 1^+, 1, 2등급이 있으며, 중량규격은 5개로 구분되어진다.

닭을 잡아 바로 사용하기도 하나 1일 정도 경과하여 숙성된 것이 맛도 좋고 고기도 더 연하므로 냉동된 것을 선택하는 것이 좋다.

4 오리(duck)

1) 원산지 및 특징

전 세계에 140여 종이 분포한다. 가금류는 가식부 비율이 낮아 오리의 체중 1/3은 털과 내장이고 12%는 뼈 등의 불가식 부분이므로 실제로 약 55%정도가 가식부위이다.

11월~3월사이의 1.6kg 정도의 오리가 최고로 품질이 좋으며, 고기는 붉은 빛을 띠며 주로 껍질 밑에 지방이 많고 동서양에서 널리 즐기고 있는 식품이다.

2) 성분 및 효능

오리고기는 알칼리성식품이며 불포화지방산이 다른 고기보다 월등히 많다. 리놀레산, 리놀렌산, 아라키돈산 등의 필수지방산을 다량함유하고 있어 혈액 속의 콜레스테롤을 억제하고, 체내의 산소공급과 혈액순환을 원활하게 하여 동맥경화증 및 고혈압과 같은 성인병 예방에 효과가 좋다.

많이 섭취하면 대사조절 기능이 높아져 몸 안에 쌓인 각종 독을 풀어준다. 영양성분은 칼슘, 인, 철, 칼륨 등의 무기질과 양질의 단백질 공급원이며, 지질 중 불포화지방산의 함량이 많아 성장이 어린이, 임신 중 여성에게 좋다. 비타민 C, B_1, B_2의 함량이 많이 집중력을 높이고, 지구력의 저하를 막고 쉽게 피곤해지는 증상을 없애며 각기병, 신장병을 예방하는 데 도움을 준다.

오리고기는 가금류 중에서도 가장 맛이 뛰어나다하여 동서양을 막론하고 고급재료로 여긴다.

3) 선택 및 저장법

저온 냉장 보관 시 1~2일 내에 조리하고 그 외 장기간 보관은 냉동시키되 너무 오래 냉동시키면 맛과 향이 떨어지므로 보통 20일 이상 장기보관하지 않는다.

5 양고기(mutton)

✣ 그림 6-5 부위별 사용되는 양고기

1) 원산지 및 특징

호주, 뉴질랜드, 미국이 주산지이며, 생후 1년 7개월 이상 된 양의 고기이다. 어린 양의 고기는 새끼양고기(lamb)라 하여 구별한다. 양고기는 섬유질이 연하여 돼지고기의 대용으로 사용되지만 고유한 육향이 난다. 양고기를 요리할 때는 특유의 향이나 잡내 제거 등을 위해 생강·마늘·파·후춧가루·카레가루 등의 향신료를 사용하여 조리한다.

2) 성분 및 효능

식용으로 가장 오랜 역사를 지닌 양고기는 소고기나 돼지고기에 비해 지방 함유량이 많으며 주된 영양분은 단백질이다. 비타민 B_1, B_2, 니아신도 다량 함유되어 있다.

가식부 100g당 성분은 수분 65g, 단백질 18g, 지질 16g, 콜레스테롤 65mg, 당질 0.1g, 칼륨 270mg, 인 100mg, 비타민 B_1, B_2, 니아신 등으로 구성된다.

양고기 요리로는 징기스칸, 바비큐, 불고기, 스튜 등이 어울린다. 또 점착력이 강하므로 햄·소시지의 결합제로도 널리 사용된다.

양고기는 램(lamb)과 머튼(Mutton, 2~7세의 것)으로 나누는데, 램은 생후 1년 이하의 양고기로 육질이 연하고 냄새가 적어 고급으로 취급되며 머튼은 주로 햄이나 소시지용으로 이용된다. 통째로 수입된 양갈비는 손질하는 과정에서 수율이 매우 낮아지지만(약 20%) 변질되지 않아 맛을 유지할 수 있다. 양고기의 고유한 향은 카프릴산, 펠라르곤산과 같은 포화지방산 성분때문이다.

싱싱한 양고기는 누린내가 강하기 때문에 조리 시 포도주를 이용하거나 민트나 로즈마리, 타임, 세이지 등의 허브를 이용하여 잡내 제거를 할 수 있다.

우리나라는 주로 마늘을 많이 사용하고 있으며, 이밖에도 여러 가지 향신료에 재운 양갈비 로스트는 국내에서도 인기요리이다. 특히 요리 시 갈비뼈 주위 기름 막을 잘 제거하면 양의 노린내가 많이 없어진다.

머튼은 진한 홍색이지만 램은 연한 붉은 색으로 성분과 맛은 소고기와 유사하나 냄새가 있으며 수분이 적고 지방이 많다. 양의 지방은 소의 지방보다 단단하고 산화되기 쉽기 때문에 소화, 흡수가 어렵다.

양고기는 뜨겁게 먹어야 지방이 굳는 것을 방지할 수 있으며 요리할 때 녹는 점이 낮은 돼지기름과 섞어 쓰면 육질이 부드러워져 먹기에 좋다.

3) 선택 및 저장법

고기 빛깔이 밝고 광택이 있으며 지방질이 적당히 섞인 백색의 것을 선택하는 것이 좋다.

(1) 냉장육(Chilled meat)

동결상태로 도달하지 않은 10℃ 이하에서 냉각된 고기이다. 보통 −1~1℃ 이하에서 저장하기 때문에 장기간 저장하지 못한다. 보통 10~14일간 단기 저장 시 주로 사용한다.

(2) 반 동결육(Super meat)

식육의 빙결점인 −8~−1.9℃ 보다 낮은 −3℃전후의 냉장과 동결의 중간상태로, 보통 1~2개월 저장가능하다.

(3) 동결육(Frozen meat)

냉각된 고기를 −16~−23℃ 의 저온동결실에서 동결시켜 육의 내부온도가

−10～−15℃로 만든다. 요즘은 −18℃ 이하로 저온동결 시키는 방법을 많이 사용하는데, 저온동결 저장은 보통 6개월 이상 저장이 가능하다.

6 ⁄ 염소(goat)

1) 원산지 및 특징

염소는 몽고 유목민의 필수식품으로 잘 알려져 있으며 한국, 이란, 아세아 지역이 주산지이다.

2) 성분 및 효능

흑염소에는 지방질의 함량이 적은 반면 단백질과 칼슘이 많아 임산부, 회복기의 환자나 어린이에게 좋고 근육섬유가 연하여 소화흡수가 높다. 염소고기는 예로부터 보혈작용과 함께 근육을 튼튼하게 하는 것으로 알려져 있는데, 염소의 간에는 비타민 A가 다른 동물의 간보다 훨씬 많아 야맹증과 노년기 시력 감퇴에 유효하다.

염소탕, 염소구이, 샤브샤브 등이 있다. 염소고기는 특유의 누린내가 심해 마늘과 생강을 첨가해야 하며, 많은 양념이 필요하다.

7 ⁄ 사슴(deer/venison), 노루(western roe deer)

사슴고기는 담백하고 연하며 별다른 냄새도 나지 않으므로 예로부터 식용으로 애용되어 왔다. 고기의 상태는 가을부터 초겨울에 걸쳐 포획한 것이 가장 좋다.

육질이 연하고 냄새가 많이 나지 않아서 전골요리, 구이 등을 한다. 사슴의 뿔, 특히 대각은 녹용이라 하는데 혈액순환을 돕고, 심장을 강하게 한다고 하여 한방에서는 강장제로 귀중하게 쓰인다.

노루고기로 곰국을 끓일 때는 하루 정도 고아 뼈까지 노글노글해지면 국물이

아주 진해진다. 이 국물을 받혀서 식히면 묵처럼 응고되는데, 이것을 차가운 곳에 두고 하루에 1~2번 데워서 먹으면 겨울철 보양식으로 좋다.

8 말(horse)

말고기는 이탈리아, 프랑스, 벨기에, 네덜란드 등의 유럽 국가에서 중요한 식품 자원으로 이용되어 왔으며, 한국에서는 말 사육은 선사시대부터 이루어졌을 것으로 짐작되는데 교통, 운반, 교역용 등으로 다양하게 사용되었을 뿐만 아니라 식용으로도 큰 비중을 차지하였다. 주로 제주도와 경기도에서 사육하고 있다.

말고기 색은 암적색 내지 적색을 띠며 육질이 부드럽고 특유의 향이 있다. 성장에 필요한 필수아미노산이 풍부하며 불포화지방산이 많아 콜레스테롤 함량을 저하시키고, 다른 육류에 비해 글리코겐 함량이 높아 달콤한 맛이 있어 횟감으로도 적당하다.

주로 육회, 무침, 샤브샤브, 불고기로 사용되고 햄, 소시지, 훈제육, 육포 등으로 가공된다.

✣ 그림 6-6 말고기

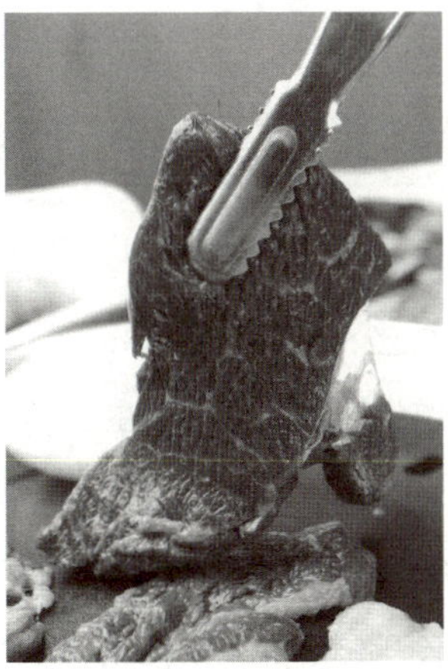

9 / 칠면조(turkey)

북아메리카와 멕시코가 원산지이다.

칠면조는 오래 전부터 북아메리카의 원주민들에 의해 사육되어 왔으며 콜럼버스가 북아메리카 대륙을 발견한 1492년 이후 전 세계에 보급되었다. 육질이 매우 부드러우며 독특한 향이 있고 닭고기 보다 맛이 좋으며 소화율이 좋아 통째로 굽는 요리에 많이 사용한다.

10 / 거위(goose)

야생 기러기를 길들여 식육용으로 개량한 가금류이다. 품종에는 유럽계와 중국계가 있다. 유럽계에는 회색기러기를 개량한 엠덴종(Emden)과 프랑스에서 개량한 툴루스종(Toulouse)이 있다. 거위고기의 색은 선홍색을 띠며 특유의 냄새가 있다. 거위고기는 기름기가 많지 않고 닭고기와 오리고기보다 연하고 부드럽다. 거위고기는 수분 68.3%, 단백질 22.8%, 지질 7.1%, 콜레스테롤 77mg/100g 등으로 이루어져 있고, 불포화지방산이 많으며 필수아미노산이 풍부하다.

11 / 메추리(common quail)

꿩과의 한 종으로 몸길이는 20cm 정도이며 대체로 갈색을 띤다. 메추리는 그 자체를 먹기도 하고, 메추리알로도 먹는다. 메추리의 효능은 <동의보감>에 의하면 '순육은 오장을 보호하고 힘줄과 뼈를 튼튼히 한다'고 하였다. 닭고기 보다 단백질, 지질, 칼슘, 칼륨의 성분은 많으나 철과 나트륨 함량은 낮다. 시력보호, 심장병 노인성 치매 예방에도 좋고, 비타민 B 결핍증을 예방한다.

12 타조(ostrich)

조류의 육색은 백색인데 반해 타조고기는 쇠고기와 같은 적색육이다. 단백질은 쇠고기나 돼지고기와 거의 같으며, 고기에 들어있는 지질은 1.22%로 돼지고기 지질의 약 1/20에 지나지 않는다. 또한 콜레스테롤은 돼지고기에 함유된 콜레스테롤의 절반 이하이다.

MEMO

CHAPTER

07

우유 및 유제품

우유의 종류에는 시유, 탈지유, 탈지분유, 전지분유, 저지방우유, 강화우유, 농축우유, 발효유, 가미유 등이 있다. 가공유에는 농축우유 등이 있고, 우유음료에는 커피우유, 초콜릿우유, 과즙우유 등이 있다.

Chapter 07 우유 및 유제품

1 우유(milk)

1) 원산지 및 특징

우유의 종류에는 시유, 탈지유, 탈지분유, 전지분유, 저지방우유, 강화우유, 농축우유, 발효유, 가미유 등이 있다. 가공유에는 농축우유 등이 있고, 우유음료에는 커피우유, 초콜릿우유, 과즙우유 등이 있다. 최근에는 건강에 도움을 주는 기능성 식품이 개발되면서 우유에 기능성 식품을 첨가하여 생산 기능성 우유가 많이 개발되고 있다. 검은콩, 검은깨, 호두나 땅콩, 발아 현미, 녹차, 셀레늄, 타우린 등을 첨가한 우유와 DHA 강화우유 등이 여기에 속한다.

열처리하기 전단계 우유를 원유 또는 생우유라고 하고, 시판되는 우유를 시유라고 한다. 시유는 음용을 목적으로 원유를 살균이나 멸균 처리하여 균질화시켜 상품화한다. 시유의 성분규격은 지질 3.0%이상, 세균 5만 이하/mL, 대장균 10 이하/mL, 산도(젖산) 0.17~0.18 이하, 15℃에서는 비중 1.028~1.034 등으로 규정하고 있다. 보통 멸균유는 거의 무균상태까지 살균되어 3~6개월 정도 저장할 수 있으나 시유는 반드시 냉장고에 보관해야 4일간 저장할 수 있다.

2) 성분 및 효능

우유는 보통 3~4%의 단백질을 함유하고 있으며, 콜로이드상으로 되어 있고, 카제인과 유청단백질로 나누어진다. 카제인은 우유 단백질의 80% 정도를 차지하며, 안정된 콜로이드사용로 분산되어 있기 때문에 소화가 쉽고, 아미노산 조성도 극히 우수하다. 신선한 우유의 산도는 pH 6.5이며, 산을 첨가하여 pH 4.6 정도로 하면 카제인은 응고된다. 산 이외에 레닌의 작용에 의해서도 응고하므로 이러한 현상을 치즈제조에 이용하고 있다. 카제인은 열에 비교적 안정하여 일반적인 가열방법으로는 잘 응고되지 않는다.

지질은 '유지방'이나 '버터지방'이라고도 하며, 대부분이 중성지방(98%)이고, 인지질(0.2%), 카로티노이드, 스테롤, 지용성비타민 등이 함유되어 있다.

무기질은 칼슘, 인, 마그네슘, 칼륨, 나트륨, 염소, 황 등이며, 철과 구리를 제외한 대부분의 무기질을 골고루 함유하고 있다. 철과 구리가 적게 들어 있어 우유만을 먹는 유아는 빈혈을 일으키기 쉽다. 우유 중의 총 무기질 함량은 모유의 3배 정도 많고 칼슘과 인의 비율은 약 1:0.8로 극히 좋다.

2 가공유

1) 연유

(1) 연유

① 무당연유(unsweeted condensed milk)

전지우유나 탈지우유를 진공농축기로 50～55℃의 진공상태에서 약 50～60%의 수준을 증발시켜 만든 제품으로 농축 후에 캔(can)에 넣고, 멸균하여 보존성을 높인 연유이다. 고온살균 시 단백질이 부드럽게 응고되고 지방구가 균일화되어 소화가 잘 된다.

② 가당연유(sweeted condensed milk)

16%의 설탕을 가해 원액용량의 1/3이 되도록 농축시킨 제품으로 당의 함량이 42%나 되므로 미생물이 증식할 수 없어 우유의 저장성은 높으나 단맛이 강하다. 가당연유는 설탕을 첨가하여 우유성분이 희석되었으므로 유아용으로 적합하지 않다. 설탕의 함량이 너무 높으므로 단맛 농도에 맞추어 희석하면 다른 영양성분이 묽어질 우려가 있고, 시유의 농도로 조정하면 설탕함량이 높아서 소화불량이나 식욕감퇴를 일으키기 쉽다.

(2) 선택 및 저장법

가당연유는 1년여간 보관이 가능하지만, 일단 개봉 후에는 냉장 보관한다.

2) 분유(milk powder)

(1) 분유

① 전지분유

전지분유는 우유를 건조시켜 수분 5% 이하의 분말로 만든 것이다. 살균 처리한 전유를 진공상태에서 1/2～1/3 정도로 농축시킨 후 80～120℃로 가열하여 열풍분무식 건조방법으로 순간 건조하여 제조한다.

전지분유는 산소의 접촉이 적게 밀봉하여 냉장고에 저장하면 더 오래 저장할 수 있다. 각종 분유는 음료, 제과, 제빵 등의 요리에 널리 사용되고 있다.

② 탈지분유

탈지분유는 우유에서 버터지방을 뺀 탈지유를 전지분유를 만들 때와 같은 방법으로 건조시킨 것이다. 탈지분유는 지질함량이 적어 전지분유처럼 쉽게 지질의 산화로 인한 이취 발생이 전지분유에 비하여 적으므로 많이 이용된다. 온도와 습도가 높은 곳에 저장하면 덩어리지고 갈색으로 변하여 단백질의 용해도가 낮아지며, 영양가가 저하된다. 그러므로 개봉 후에는 냉장 보관하는 것이 안전하다.

③ 조제분유

우리나라에서 많이 팔리는 조제분유는 우유의 수분을 제거하고 우유성분 중 부족한 성분을 강화하여 모유의 조성과 가깝게 조제하여 분말로 건조한 분유이다. 유아의 영양원으로 발육을 좋게 한다.

(2) 선택 및 저장법

부피가 작고 미생물로 인한 오염문제, 운반비용 문제 등을 해결 할 수 있고 냉장보관 없이 장기 저장할 수 있다. 분유는 담황색의 고운 분말로 이취가 없는 것을 선택한다. 장기간 저장할 때는 풍미가 저하되지 않도록 뚜껑을 꼭 닫아서 공기를 차단하고 직사광선을 피해 서늘한 곳에 보관한다. 또한 물기가 닿지 않도록 하며, 뚜껑을 닫아 수분이 흡수되지 않도록 저장하는 것이 좋다.

3) 연질우유(soft milk)

동물의 종류에 따라 유즙이 소화과정에서 형성하는 응고상태가 다르며, 특정 유즙은 다른 것에 비해 소화되기 쉬운 부드러운 응고상태를 형성한다. 자연적으로 부드러운 응고(soft curd)를 형성한 것이 다른 육즙보다 카제인, 칼슘, 인 등을 적게 포함한다.

연질우유는 우유에 트립신을 넣어 일부 단백질을 분해시키고, 인공적으로 칼슘, 인을 약 20%씩 빼서 응고를 부드럽게 해주며, 췌장효소를 첨가하여 소화가 잘 되고 균질화 시킨 것이다. 유아용 조제분유, 허약한 환자나 어린이를 위해 만든 특수식품으로서 이용된다.

4) 저염 우유(low salt milk)

신선한 우유를 이온교환수지를 통과하여 나트륨 90% 이상 칼륨으로 교환시킨 것이다. 살균과 균질처리를 거쳐 탈수한 후 통조림으로 제조하거나 분말로 만든다. 저나트륨식이나 무염식의 식사요법이 필요한 환자를 위하여 쓰인다.

5) 가공 우유(processed milk)

시유에 흔히 첨가하는 물질로서 초콜릿이 이용되며, 초콜릿 우유는 전지분유에 1%의 초콜렛과 5%의 설탕 그리고 1% 이하의 안전제를 넣어 만든 가미유다. 초콜릿 외에 딸기, 커피나 기타 향료를 넣어 여러 가지 맛과 향기를 낸 것이 있다.

6) 크림(cream)

우유의 지질은 다른 성분보다 가벼우므로 방치하면 황백색의 층이 생기는데 이것을 크림층(cream layer,cream line)이라고 한다. 크림은 우유의 지방분을 원심분리기로 분리하여 만든 제품으로 지질함량에 따라 여러 가지 종류의 크림이 있으며, 살균크림이나 멸균크림으로 만들어져 유통된다. 생크림은 우유에서 분리한 지방분을 살균 후 냉각처리 한 것이며, 발효크림은 젖산균으로 발효시킨 것이다. 크림의 종류는 라이트크림, 휘핑크림, 플라스틱 크림이 있다.

✣표 7-1

종류	유지방 함량(%)	이용	유의사항
라이트크림 (light cream)	18～20	커피의 온화한 풍미와 엷은 색을 위한 용도	크림의 산도가 높을 때 뜨거운 커피에 넣으면 응고될 수 있다.
휘핑크림 (whiping cream)	30～36	제과 및 서양요리의 장식이나 과일과 함께 디저트로 이용	크림을 5℃에서 24～48시간 저장한 다음 크림의 온도를 10℃ 이하로 유지하여 거품을 낸다.
플라스틱 크림 (plastic cream)	79～81	아이스크림이나 갈색버터의 원료	실온에서 고체 상태로 크림을 채취, 원심분리한다.

크림은 냉장보관하며 유통기간 내에 사용하도록 한다. 크림은 유지방함량에 따라 식품가공을 다양하게 이용되고 있다. 버터나 아이스크림 등의 원료와 시판 크림으로 조리나 제과 등에 사용한다.

7) 버터

(1) 원산지 및 특징

우유 중의 지방을 분리하여 크림을 만들고 이것을 세게 휘저어 엉기게 한 다음 응고시켜 만든 유제품이다.

유럽에서는 소의 목축이 앞섰던 알프스 북쪽에서 버터의 이용이 보급되었고 이러한 식습관의 차이는 오늘날까지 존재한다. 버터는 중세기까지도 귀중품이었고 근세에 이르러 북유럽에서 대량생산이 가능하게 되었다.

미국, 유럽 등에서는 발효 버터가 많고 한국과 일본에서는 감미 버터무발효가 대부분이다.

(2) 버터 제조법

우유를 크림 분리기에 걸어 원심력으로 비중이 가벼운 우유지방을 주로 함유하는 크림을 분리한다. 이 크림 중에는 30～40%의 우유지방분이 함유되어 있다. 다음에 크림을 살균하고 보통 5℃ 정도로 냉각하여 하룻밤 숙성시킨다. 이

것을 천이라는 장치에 넣어 과격하게 교반하면 현미경으로나 볼 수 있던 크기의 지방입자가 서로 충돌하여 육안으로 볼 수 있는 입자 크기로 성장하여 수분과 분리된다. 이때 얻는 지방 덩어리를 버터 입자, 수분을 버터우유라 한다. 천은 처음 통모양의 목제였으나 금속제품으로 발전했고, 근래는 연속장치로 발전하여 자동화가 되었다. 버터 우유를 제거한 버터 입자는 2~3회 수세한 후 기계적으로 연압시키고 다시 소금을 가하여 균일한 조직으로 만든다.

(3) 성분 및 효능

버터의 평균조성은 지방 81%, 수분 16%, 무기질 2%, 소금 1.5~1.8%이고 나머지는 단백질을 주체로 하는 커드분(curd)으로 되어 있다. 지방 중에는 뷰티르산·데칸산과 같이 탄소수가 적은 지방산이 있으며 버터 특유의 풍미를 지닌다. 버터 100g당 열량은 721kcal이다.

우유를 원심 분리하여 크림을 만들어 유산 발효시킨 후 교반기에 넣고 일정 시간을 흔들어 돌리면 우유 지방구의 막이 파괴되면서 지방이 분리된다. 분리된 지방을 모아서 만든 유제품이 버터다. 버터는 지질이 80% 이상, 수분 16%, 단백질, 유당, 무기질 등이 4%로 차지한다. 버터는 지질이 주성분으로 고열량식품이며 소화율도 97~98%로 높고, 지용성비타민 A, D, E, K가 함유되어 있다. 특히 비티민A의 함량은 423RE/100g 으로 매우 풍부하다. 버터에는 소금첨가 정도에 따라 15~20%의 소금을 가한 가염버터와 무염버터가 있다.

버터에는 젖산균을 넣어 발효시킨 발효 버터(sour butter)와 젖산균을 넣지 않고 먼저와 같이 숙성시킨 감미 버터무발효(sweet butter)가 있다. 버터에는 소금을 넣은 가염 버터와 소금을 넣지 않은 무염 버터가 있다. 무염 버터는 보존성이 짧고 식탁용으로는 맛이 부족하므로 제과원료나 조리용으로 이용된다.

(4) 선택 및 저장법

버터는 지방질이 많은 식품이므로 장기간 방치하면 지방이 산화되어 산패를 일으키며, 냉장하지 않는 경우는 곰팡이가 발생하거나 녹아서 버터 특유의 텍스처가 사라지고 풍미를 해친다. −5~0℃의 저온에서 직사광선을 피한 깨끗한 장소에 보존해야 된다. 표면이 가볍게 녹은 정도에서는 두드러진 변화는 아니지만 한번 녹은 버터는 먼저의 상태로 되돌아가지 않는다. 또 냄새를 잘 흡수하므로 냄새가 독한 물건과 같이 놓아두는 것은 피한다.

3 아이스크림(ice cream)

1) 원산지 및 특징

아이스크림은 원유나 탈지분유 등의 유제품을 주원료로 하여 설탕과 감미료(약 15%), 과실류, 견과류, 각종 향료, 색소, 안정제, 유화제 등을 넣고, 아이스크림 제조기로 교반하면서 공기를 균일하게 섞어 얼린 냉동 유제품이다.

아이스크림 외에도 지질함량이 낮은 아이스밀크, 설탕을 더 많이 넣고 과실즙을 많이 넣어 만드는 셔벗 등이 있다. 셔벗은 우유 고형분이 2~5% 내외이고 과즙을 주성분으로 설탕, 달걀흰자, 물, 향료, 구연산, 주석산 등의 유기산을 첨가하여 얼린 것이다.

그밖에 우유 및 유제품을 주원료로 하여 달걀, 감미료, 향료, 색소, 안정제, 유화제 등을 넣고 교반하면서 동결시켜 조직이 부드럽고, 유지방 함량 5% 내외인 아이스밀크가 있다.

2) 성분 및 효능

아이스크림은 높은 지질함량 때문에 소비자들이 좋아하는 부드러운 질감과 풍부한 향미를 가지며 후식, 기호식품 등으로 널리 이용되고 있다.

3) 선택 및 보관법

동결 유제품은 구입 시 악취가 없는 것을 선택하며, −15℃ 이하에서 냉동 보관한다.

4 요구르트(yoghurt)

1) 원산지 및 특징

요구르트는 불가리아의 코카서스 지방에서 제조되어온 발효 음료이다. 전통적인 플레인 요구르트는 과일이나 향료를 넣지 않고 두부처럼 만든 것이다.

전 세계적으로 발효 우유는 다양한 이름으로 알려져 있다. 그 이유는 보통 유산균이라는 큰 집단에서 온갖 종류의 박테리아가 나오기 때문이다. 이 박테리아 균주가 우유에 들어가면 증식하여 우유를 엉기게 하거나 발효시킨다. 이 박테리아가 우유에서 잘 자라면 신진대사에 의해 독특한 화합물을 만들어 낸다.

2) 성분 및 효능

요구르트는 우유 속의 단백질과 비타민 A·B_2 등의 비타민, 칼슘, 망간 등의 무기질을 지니고 있다. 그리고 유산균에 의해 단백질과 지방이 분해되어 있으므로 소화 흡수가 쉬운 상태이다.

요구르트에는 유산균이 g당 1억~10억 마리나 함유되어 있다. 유산균은 '장미화원'이라는 별명답게 장내 유해균을 억제하고 유익한 균의 증식을 돕는다. 요구르트, 김치 등 유산균 음식을 먹으면 장의 연동운동이 활발해진다. 우유만 마시면 몸에 유당분해효소가 부족하여 배탈, 설사를 하는 등 유당불내증이 있는 사람은 요구르트를 선택하는 것이 좋다. 유산균이 유당을 분해시키기 때문이다.

요구르트는 독특한 풍미를 지녀 부드러운 맛이 나기에 그대로 먹거나 샐러드 드레싱, 요구르트 케이크 등에 이용된다.

3) 선택 및 저장법

요구르트는 고유의 색과 향미를 가진 것으로 이취가 없는 것을 선택하여 냉장고에 저장하고 1주일 내에 소비하는 것이 좋다.

5 ⁄ 사워크림(sour cream)

사워크림은 저농도 크림에 스트랩토코커스 락티스(Streptococcus lactis)를 접종한 후 22℃에서 젖산이 0.5% 생성되도록 배양한 것이다. 지질함유율이 18~20%의 살균크림에 유산균을 첨가하여 발효시킨 크림이다. 사워크림은 휘핑크림과는 달리 설탕을 넣는 대신 박테리아를 첨가하거나 식초 및 레몬을 넣어 거품을 올린다. 생선의 비린 맛을 제거하거나 가니쉬(garnish)하는데 사용한다.

6 ⁄ 치즈(cheese)

1) 원산지 및 특징

치즈는 원료유의 카세인과 지질을 젖산균, 레닛(rennet), 단백질분해효소, 산 등을 작용시켜 웅고시킨 후 유청(whey)을 제거한 다음 커드(curd)를 형성하여 이것을 오랜 시간 숙성시켜서 만든 유제품이다.

치즈는 탈지유로 만들어지는 것, 유청으로 만들어지는 것, 수분의 함량, 숙성에 이용되는 미생물의 종류, 성분 등 그 성질도 매우 다양하여 세계적으로 1,000여 종의 치즈가 만들어지고 있다.

2) 성분 및 효능

치즈는 고온에서 장시간 조리하면 단백질이 질겨지고, 유리지방이 분리되면 표면이 번들거리며 늘어지므로 저온에서 단시간 가열·조리하여야 한다. 치즈는 수분 함량에 따라 경질, 반경질, 연질치즈가 있다. 특수치즈는 제조원료 및 제조법이 일반치즈와 달리 2가지 이상의 천연치즈(natural cheese)를 원료로 한 가공치즈(process cheese), 훈연을 한 훈연치즈(smoke cheese), 향신료를 섞은 향미치즈(spiced cheese) 등이 있다.

✣표 7-2 치즈 제조 과정

저온살균 또는 무살균 연료유 데우기

⬇

유산균, 응유효소 넣기

⬇ 푸른곰팡이 타입은 푸른곰팡이를 섞는다.

커드(원료유 응고)

⬇

커드 자르기

⬇

커드에서 수분(유청) 배출

⬇

커드 응고, 침전

⬇ 하드 타입은 가열한다.

틀에 넣기

⬇ 하드, 세미하드는 압착한다.

가염(표면을 소금으로 문지르거나 소금물에 담근다.)

⬇

숙성(워시 타입의 경우 소금물이나 술 등으로 닦는다.)

3) 보관 및 저장법

치즈는 실온에 두면 숙성이 진행되어 풍미가 저하되기 쉽다. 치즈를 보관하기에 가장 좋은 방법은 치즈가 숙성되는 장소와 같은 조건에서 치즈를 보관하는 것이다. 저장은 포장상태로 1~3℃에서 냉장보관하며, 개봉 후 호일, 밀봉용기 등으로 공기를 차단한 후 보관한다.

치즈는 고유의 수분 함량과 풍미를 가지고 있어서 저장 시에는 종류가 다른 치즈를 그릇에 따로따로 저장한다. 일단 포장지를 개봉 후 남은 치즈는 밀폐된 용기에 수분이 증발되지 않아 신선함을 유지하도록 한다.

보관장소는 어둡고 습하고 통풍이 잘 되며, 온도는 약 10℃ 내외를 유지하는 곳이 좋다. 냉장고는 온도와 습도가 너무 낮다는 단점이 있으므로 냉장고에 상대적으로 온도와 습도가 다른 공간보다는 조금 높은 채소실 등에 보관하는 것이 좋다. 치즈는 냉동하는 것이 바람직하지 않다.

좋은 치즈 구입하는 요령으로는 수입년월일, 제조년월일을 확인할 것, 치즈의 상표, 품질검사마크, 원산지보증등급 등이 있는지 확인한다. 시각, 후각, 미각 등을 활용하여 양질의 치즈를 고른다. 표면이 젖어 있는 것과 기름기가 베어 나와 있는 것은 피하도록 한다. 연질치즈는 신선하고 손으로 눌러 보아 부드러운 것을 선택하며, 경질치즈는 단단하고 단면이 밝고 깨끗하며, 구멍의 크기가 일정한 것을 선택한다. 치즈는 시간이 지나면 풍미가 떨어지므로 필요한 만큼만 구입한다.

4) 라벨로 읽은 치즈의 특징

어느 지방의 무슨 원료유로 만들어졌는지를 알면, 치즈의 타입은 상당히 좁혀진다. 우유인지, 산양유인지, 양유인지 등의 유종의 차이는 치즈 풍미를 결정짓는 가장 중요한 요소이다.

산지명은 대개 어딘가에 알파벳으로 쓰여 있지만, EU국가의 경우는 타원에 둘러싸인 숫자(프랑스 7자릿수, 이탈리아 5자릿수)나 제조공장 주소의 우편번호로 지역 번

✣그림 7-1

호를 알 수 있다. 어느 경우라도 숫자의 첫 두 자리가 지역번호이다. 지역번호와 이름, 지도상의 위치는 프랑스어 검색이나 치즈 교재 등으로 찾아서 확인할 수 있다.

무살균우, 농가제, A.O.C(프랑스 농산품과 식료품 분야에서 법규로 통제하는 원산지 명칭) 또는 P.D.O(유럽연합에서 특정 농산식품의 원산지명을 법규로 보호하는 제도)등 3가지 키워드에 해당하면 우수하고 희소성 있는 치즈인 것은 확실하다.

✣ 표 7-3 치즈 분류

분류	수분 함량	숙성방법과 숙성 관여 미생물		치즈의 종류
연질치즈	40～75%	곰팡이		카망베르(프랑스), 브리(프랑스)
		숙성시키지 않은 것		코티지(미국, 유럽), 리코타, 크림(미국, 유럽), 모짜렐라(이탈리아)
반경질치즈	38～45%	세균		브릭(미국), 뮌스터(독일), 고다(네덜란드), 림버거(벨기에), 하바타(덴마크)
		푸른곰팡이		로크포르(프랑스), 고르곤졸라(이탈리아), 블루(각국 푸른곰팡이), 스틸톤(영국)
경질치즈	30～40%	세균	기공이 큰것	에멘탈(스위스), 그루이에르(프랑스)
			기공이 작은 것	에담(네덜란드)
			기공이 없는 것	체담(영국), 콜비(미국)
초경질치즈	25～30%	세균		파마산(이탈리아), 로마노(이탈리아)
가공치즈				슬라이스 체다, 훈제치즈, 분말치즈, 퐁듀치즈

(1) 연질치즈

✣그림 7-2 숙성시키지 않은 치즈

① 리코타치즈(ricotta cheese)

엄격히 따지자면 치즈라기보다는 치즈 제조과정의 부산물이라 할 수 있다. 왜냐하면 커드로 만드는 것이 아니라 유청을 다시 가열해 유청에 남아 있던 덩어리를 모아 만든 것이기 때문이다. 우유 빛깔의 크림 형태로 조직은 부드럽고 단단하지 않기 때문에 용기에 넣어 판매된다. 고소하고 진한 우유 맛이 난다. 약간 단맛이 나지만 짠맛이나 신맛, 치즈 특유의 쏘는 맛이 없다. 신선할 때 그대로 먹기도 하고, 설탕과 바닐라향, 초콜릿이나 신선한 과일을 첨가하여 디저트로 이용한다.

② 모짜렐라치즈(mozzarella cheese)

피자 토핑에 많이 사용되어서 피자 치즈로 알려져 있다. 남부 이탈리아가 원산지로 원래 물소의 젖으로 만들었다. 흰색 또는 상아색이며 부드럽고 물렁물렁하지만 탄력이 있고 쫄깃하며 말랑말랑하다. 닭고기 살처럼 찢어지는 조직으로 녹으면 실처럼 쭉쭉 늘어나는 특유의 성질이 있다. 생 모짜렐라는 매우 순하고 신선한 냄새가 나며 치즈 특유의 냄새가 없이 담백한 맛이 난다.

③ 브리치즈(brie cheese)

원산지는 프랑스 파리의 브리 지방이다. '치즈의 여왕'이라는 별명을 가진 유명한 치즈로 흰색 곰팡이 치즈의 원조이다. 하얀 곰팡이 껍질이 특징이며, 흰색 껍질 안쪽은 노란색의 진한 크림 형태로 상온에 오래 두면 크림처럼 녹아내린다. 내부는 크림 형태로 약간 달거나 짠맛이 난다.

④ 카망베르치즈(camembert cheese)

세계적으로 유명한 프랑스 치즈로, 우유를 원료로 하고 치즈 표면에 자란 흰 곰팡이에 의하여 약 3주간 숙성된 것으로, 특유의 풍미가 있고 매끄러운 조직을 지닌 연질치즈이다.

⑤ 코티지치즈(cottage cheese)

원산지는 네덜란드이며 숙성시키지 않은 치즈 중 가장 많이 만들어지고 있는 연질치즈이다. 탈지유와 탈지분유를 자연적으로 젖산 발효시켜 만든 것으로 유백색으로 산미가 섞인 상쾌한 맛을 지니고 있으나 보존성이 거의 없다.

⑥ 크림치즈(cream cheese)

젖소유의 크림으로 만드는 소프트 프레쉬치즈를 총칭하는 말로 새콤하고 부드러운 맛을 지닌 발라먹는 치즈다. 크림치즈 역시 코티지치즈처럼 산성화시켜 얻는 커드 치즈의 일종이다. 그대로 먹거나 샌드위치, 카나페, 샐러드에 이용하며 특히 치즈케이크를 만들 때 꼭 필요한 재료다. 자연 치즈에 익숙하지 않은 사람도 쉽게 먹을 수 있는 순한 맛을 지니고 있다. 이탈리아의 마스카르포테(mascarpone)도 일종의 크림치즈다.

(2) 반경질치즈(Semi hard cheese)

✣그림 7-3

반경질치즈는 세균숙성치즈와 곰팡이 숙성치즈로 분류되며 수분함량은 40~45% 정도로 대부분 응유를 익히지 않고 압착하여 만든다.

① 고르곤졸라(Gorgonzola)

이탈리아의 대표적인 블루치즈로 이탈리아 롬바르디아주 밀라노 동쪽에 있는 고르곤촐라 지방에서 주로 생산된다. 9세기 후반 "고르곤촐라의 스트라키노(Stracchino di Gorgonzola)"로 알려졌는데 스트라키노는 '피곤한'을 뜻하는 'stracco'의 파생어이다. 가을에 고산목장으로부터 귀환하다가 고르곤촐라에서 쉬고 있던 지친 소들의 우유로 처음 만들어졌으며, 알프스 지역에 서식하는 페니실리움 곰팡이가 피어서 고르곤촐라 치즈가 탄생하였다고 한다. 이 밖에 천연 까브(cave: 저장고)가 있는 발사시나(Valsassina)의 파스투로(Pasturo)에서 태어난 치즈라는 설도 있다. 가열과 압착을 하지 않고 만들어 숙성시키며, 숙성 시작 3~4주 후에 바늘로 공기구멍을 뚫어준다.

숙성 정도에 따라 비앙코(bianco), 돌체(dolce), 피칸테(piccante)로 나뉜다. 비앙코는 곰팡이가 막 자라기 시작한 것, 돌체는 숙성 기간이 60일이 지난 것, 피칸테는 90~100일 가량 숙성시킨 것이다. 돌체는 크림같이 부드럽고 단맛이 좋으며 마스카르포네치즈나 견과류와 함께 케이크에 잘 사용된다. 맛과 향이 강하고 건조하여 쉽게 부서지는 피칸테는 디저트로 먹는다.

② 모짜렐라(Mozzarella)

이탈리아의 캄파니아지방에서 물소의 젖 또는 우유 커드로 만든 치즈이다.

물소젖 치즈에 관한 언급은 12세기 초에 나타나기 시작하였으며, 18세기 후반에 들면서 모차렐라는 이탈리아 남부 전역에 퍼졌다. 'mozzare'는 '잘라낸다'는 뜻이다. 33~36℃로 데워서 응고시킨 물소젖 커드를 잘게 잘라 5시간 가량 발효시킨 뒤, 몰드에 넣어 95℃의 물에 가라앉히고 휘저어 고무질 조직으로 만든다. 손으로 밀가루 반죽처럼 치대면 윤기나는 부드러운 덩어리를 얻게 되는데 여기서 가닥을 뽑아 잘라내 찬 소금물에 담그면 모짜렐라가 된다. 이렇게 손으로 이겨 뽑아내는 방식을 '파스타 필라타(pasta filata)'라 일컫는다.

가벼운 단맛과 신맛이 나며, 숙성치즈 특유의 냄새가 없어 치즈 초심자들도 부담 없이 먹을 수 있다. 뜨거운 피자나 파스타에서 길게 늘어나며, 냉동시키면 이 같은 특성이 현저히 떨어지므로 얼리지 않는 것이 좋다. 토마토, 바질(basil)과 함께 샐러드용으로도 잘 쓰인다. 가벼운 레드와인이나 상큼한 화이트와인과 같이 들어도 좋다.

③ 페타(Feta)

2000년 이상의 역사를 지닌 연질치즈로, 그리스의 발칸에서 양젖 또는 우유로 만들어 신선한 상태로 먹게 만든 치즈이다. 산이 많아 예로부터 양과 염소 목축이 성하던 고대 그리스의 아테네 근교에서 목동들이 여분의 젖을 저장하기 위해 만들기 시작했다고 전해 온다.

먹기 전에 우유에 담가 소금기를 뺀 후, 토마토·오이·양파 등과 함께 그리스식 샐러드로 해 먹거나, 파스타의 토핑으로 쓰거나, 빵의 반죽에 넣는 등 요리에 두루 사용된다. 과일 풍미가 강한 레드와인, 아니면 쌉쌀한 화이트와인과 함께 내놓아도 좋다.

(3) 경질치즈(Hard cheese)

경질치즈는 쥐라나 알프스 산악인들이 그들의 겨울식량을 고산지대 목장에서 만들어낸 데서 유래되었다고 한다. 수분함량이 30～40%로 일반적으로 경질치즈는 제조과정에서 응유를 끓여 익힌 다음 세균을 첨가하여 3개월 이상 숙성시켜 만든다. 운반과정을 쉽게 하기 위해 일반적으로 큰 바퀴형태로 만들어진다.

① 고다(Gouda)

우유를 써서 압착하여 숙성시킨 네덜란드의 세미하드치즈이다.

정식이름은 'Noord-Hollandse Gouda'이다. 6세기경에 처음 만들어져서 13세기부터 수출되기 시작한 네덜란드를 대표하는 치즈로 네덜란드 치즈생산량의 60%를 차지한다. 로테르담 북동쪽 22km에 소재하는 하우다는 '네덜란드의 심장'이라 불리기도 하는 곳으로 매주 목요일에 서는 치즈시장은 관광코스이다. 같은 이름으로 미국, 영국, 독일, 덴마크, 일본 등지에서도 많이 생산되고 있다. 가열하지 않고, 커드를 압착해 만든다. 310～620g의 작은 것도 있으며, 1년 이상, 더러는 4년간 숙성시킨 것도 나온다.

숙성이 진행되면서 속살의 조직, 색깔과 맛이 상당히 달라진다. 얼마 안된 것은 윤기가 돌고 입에 닿는 느낌이 크림 같으며 버터의 풍미가 난다. 샌드위치에 넣어 먹거나 빵, 피클과 함께 먹으면 맛있다. 또 과일향이 은은한 화이트와인이나 맥주, 진한 레드와인, 위스키 등과 잘 어울린다. 오래되면 갈색으로 변하고 속살이 단단하게 여물어진다.

② 그뤼에르(Gruyere)

스위스의 프리부르에서 무살균우유를 사용해 가열 압착하여 숙성시킨 대형 하드치즈이다. 스위스 서부 프리부르(Fribourg)의 프랑스 접경지 그뤼에르를 중심으로 거의 1000년전부터 만들어온 경질 치즈이다. 1115년에 한 수도원에서 쓴 기록에 최초로 언급되며, 적어도 2세기 이상 지금의 모습으로 만들어져 왔다. 프랑스의 두 데파르트망(Doubs Department)과 쥐라(Jura)에서도 생산되며, 스위스와 프랑스는 브랜드명으로 쓰기로 합의하였다. 만드는 방법은 에멘탈치즈와 유사하나 소금을 더 쓰고, 커드를 더 크게 토막 내고, 더 뜨겁게 데우고, 더 세게 압착하며, 보다 낮은 온도에서 천천히 숙성시키는 차이가 있다.

에멘탈에 비해 짜고 맛과 향이 강하다. 호두맛과 크림 같은 느낌이 나면서 신맛이 돈다. 에멘탈과 함께 치즈 퐁듀에 넣는다. 키슈(quiche: 파이의 일종)나 양파 그라탕 등에도 사용된다. 쓴맛과 과일향이 나는 화이트와인이나 가벼운 레드와인과 같이 곁들이면 좋다.

③ 에담(Edam)

네덜란드에서 탈지 또는 부분탈지 우유를 압착해 숙성시킨 하드치즈이다.

정식이름은 Noord-Hollandse Edammer로서 가열하지 않고 압착해서 만드는 하드치즈이다. 네덜란드에서 하우다(Gouda) 다음으로 많이 생산된다. 14세기 이후 수백 년 동안 붉게 왁스 코팅되어 외국으로 팔려나간 치즈로서, 세계 대부분의 나라에 수출되고 있다.

‘에담’은 옛날에 세계 각지로 수출되어 나가는 치즈를 선적하던 네덜란드 북쪽 항구마을의 이름이다. 붉은 왁스 코팅은 배편으로 수출되는 기간 동안 잘 견디게 하기 위해서였다. 이 때문에 레드볼(red ball) 또는 크림슨캐논볼(crimson cannon ball)이라는 별칭을 갖고 있다. 검은색으로 코팅한 것도 있는데, 이는 17주 이상 숙성되었다는 표시이다.

탈지 또는 부분탈지 우유를 사용한 탓으로 지방함유율이 낮아 감칠맛이 강하지 않고 버터 같은 풍미가 나며 어렴풋이 신맛이 뒤를 끈다. 얇게 썰어 샌드위치와 함께 아침식사용으로 많이 먹으며, 여러 가지 스낵치즈로서도 자주 쓰이고, 녹는 성질이 좋아 그릴 요리에도 적합하다. 쓴맛이 약간 도는 화이트와인과 과일향의 레드와인, 흑맥주 등과 곁들이면 좋다.

④ 에멘탈(Emmental)

스위스 에멘탈지방에서 생우유를 가열 압착해 숙성시킨 하드치즈이다. 에멘탈러(Emmentaler)라고도 하는 스위스의 대표적 치즈로서 '스위스치즈'라고 하면 보통 에멘탈을 가리키는 것으로 이해될 정도이다. 체리 또는 호두 크기의 반듯한 원형 기공(흔히 치즈의 '눈(eye)'이라고 한다.)으로 유명하다. 애니메이션 『톰과 제리』에 등장하는 것도 이 치즈이다. 15, 16세기부터 에멘탈 계곡에서 가열하고 압착해 만들어온 것으로 사람들의 애호 속에 지금은 여러 나라에서 만든다. 껍질에 「Switzerland」라고 압인된 것이 본고장 스위스 제품이다. 미국에서는 이렇게 압인된 것을 "Swizerland Swiss", 미국에서 만든 에멘탈을 "Swiss"라고 부르며 구분한다. 3종의 박테리아가 스타터(starter: 발효제 또는 접종균)로 사용되는데, 이 중 프로피온산(propionic acid)이 온도가 오를 때 탄산가스를 발생시켜 동그랗고 큰 눈(eye)을 만든다.

⑤ 체다(Cheddar)

영국의 서머싯지방에서 우유를 압착해 오래 숙성시킨 치즈이다. 잉글랜드의 남서부인 서머싯(Somerset)의 체더마을을 고향으로 하는 수분이 적은 치즈이다. 일찍이 해외로 뻗어나간 영국인들에 의해 각지로 퍼져 오늘날 미국·캐나다·오스트레일리아·뉴질랜드·인도 등 세계 여러 곳에서 생산·소비되며, 이미 보통명칭이 되어버린 치즈이다. 또한, 커드를 벽돌모양으로 잘라 통안에 차곡차곡 쌓아 뒤집으며 훼이를 제거하고 하나의 치즈로 응착시키는 과정은 "체더링(cheddaring)"이라는 유가공 용어가 되었다. 공장제는 20kg 정도의 입방체를 진공 포장하며, 전통적인 농가제는 30kg에 가까운 드럼 모습으로 둘레에 포목을 감아 숙성시킨다. 10℃ 이하의 저온에서 숙성시키면 질이 더욱 좋아진다. 적색이나 녹색의 왁스로 도포되어 있으며, 1년 반 이상 장기 숙성시킨 것도 만들어지고 있다. 전통적인 것은 현재 웨스트컨트리팜하우스체더(West Country Farmhouse Cheddar)라는 명칭으로 EU의 PDO(보호원산지명칭) 목록에 올라있다. 대량생산되는 아메리칸 '체더'도 유명하다.

(4) 초경질치즈(Very hard cheese)

초경질치즈는 수분함량이 25~30%로 매우 단단한 치즈로써 주로 분말 형태로 만들어서 샐러드나 피자, 스파게티 등 요리의 마무리 과정에 쓰인다.

① 그라나 파다노(Grana Padano)

이탈리아의 북부 파다나평야 우유를 써서 가열 압착하여 1~2년 숙성시킨 하드치즈이다. 12세기에 베네딕토와 시토 수도회 수사들이 그때까지 버려져 있던 파두안(Paduan) 평원을 매립, 개간하여 농사와 소의 사육을 시작한 후 우유가 남아돌게 되자 이를 오래 보존하기 위해 개발한 치즈이다. 그라나(grana: 이탈리아어로 알갱이라는 뜻)라는 이름 그대로 속살이 알갱이들로 이루어져 있는 것이 특징이다. 이는 제조과정에서 크림을 일부 제거하는 것과 관계가 있다. 커드를 잘게 토막내어 높은 온도의 열탕에서 탄력이 붙을 때까지 휘저어 응축시킨 다음, 압착하고 장기간 숙성시켜 만든다. 4~8mm에 이르는 두꺼운 껍질을 한 것도 나온다.

파마산에 비하여, 제조 기준이 덜 엄격하고 만드는 시간과 숙성기간이 짧아 가격이 낮다. 이탈리아 요리에 빠지지 않는 치즈로 흔히 "부엌의 남편"이라고도 일컬어진다. 그냥 먹으면 알갱이가 씹히면서 풍미를 느끼게 한다. 가루를 내어 쓰기도 하며, 진하지 않은 레드와인, 화이트와인 또는 맥주에 얇게 슬라이스 해서 곁들이기도 한다.

② 파마산(Parmesan cheese)

이탈리아의 에밀리아로마냐와 롬바르디아지방에서 우유를 써서 가열 압착해 장기 숙성시킨 하드치즈이다. 이탈리아에서 '치즈의 왕'으로 불리는 치즈로, 이탈리아에서 파르미자노 레자노(Parmigiano Reggiano)로 불린다. 이미 13세기에 제조법상 고유한 특징들이 확립되었고 지금까지 변함없이 이어지고 있다.

커드는 전날 저녁에 착유하여 자연상태에서 일부 탈지된 우유와 아침에 짠 생전유를 혼합해 데우고, 여기에 전날 얻은 천연젖산균을 스타터(발효제)로 넣어 만든다. 이따금 아미노산 결정이 씹히면서 품격 높은 감칠맛이 나는 것이 어떤 요리나 와인과도 잘 어울린다. 좋은 와인과 그렇지 못한 와인을 가리는 와인품질 평가회에서도 쓰인다.

③ 페코리노로마노(Pecorino Romano)

이탈리아의 사르데냐와 라치오지방에서 양젖을 오래 숙성시켜 만든 하드치즈이다. 기원전 1세기 고대 로마까지 거슬러 올라가는 이탈리아에서 가장 오래된 치즈로 황제의 연회 테이블에 오르는 고급안주였다. 로마의 보병군단의 기본 휴대식량이기도 했는데 맛이 빼어나면서 열량이 높고 소화가 쉬웠기 때문이다. 이름이 양을 가리키는 이탈리아어 페코라(pecora)에서 유래된 만큼, 양젖을 가열하여 응고시킨 뒤 압착해 만든다.

원래 보존식품으로 시작된 치즈답게 짠맛이 강하고 특유의 향을 풍긴다. 거칠거칠한 작은 아미노산 알갱이가 씹히기도 한다. 본고장에서는 초여름에 누에콩과 함께 먹는 풍습이 전해온다. 절단면에서 훼이가 배어나오는 시기를 '치즈가 우는 시기'라고하는 데 이 때가 가장 먹기 좋은 시점이다. 강한 레드와인과 좋은 짝을 이룬다.

(5) 가공치즈류

가공치즈란 우유를 응고·발효시켜 만든 치즈나 자연치즈 두 가지 이상을 혼합하거나 다른 재료를 혼합하여 유화제와 함께 가열·용해하여 균질하게 가공한 치즈를 말한다. 초기에는 불량치즈의 재생법으로 이용되었으나, 오늘날엔 가열처리되어 보존성이 좋고 경제적이며 원료 치즈의 배합에 따라 기호에 맞는 맛을 낼 수 있다는 점과, 맛이 부드럽고 여러 가지 형태의 크기의 포장이 가능하여 다채로운 상품화를 할 수 있다는 점으로 널이 이용되고 있다.

가공치즈의 특색은 가열처리되어 보존성이 좋고 경제적이며 원료 치즈의 배합에 따라 기호에 맞는 맛을 낼 수 있다는 것, 맛이 부드럽다는 것, 여러 가지 형

✣ 그림 7-4

태와 크기의 포장이 가능하므로 다채로운 상품화를 할 수 있다는 점 등이다. 가공치즈의 종류로는 훈제치즈, 분말치즈 등이 있다.

① 분말치즈(Power cheese)

파르메산(파마산), 페코리노 로마노, 그라나 파다노 치즈를 분말로 만들어 스파게티, 피자, 샐러드, 드레싱, 요리용 등으로 사용되고 있다.

② 슬라이스 체더치즈(Slice cheddar cheese)

치즈를 보관하고 먹기 편리하게 얇게 썰어 만든 것으로 미국에서 대량 생산되며, 우리나라에서는 피자치즈와 함께 가장 많이 소비되고 있는 치즈 중 하나이다. 주로 샌드위치, 피자, 샐러드 햄버거 등에 사용되고 있다.

③ 퐁듀치즈(Fondue cheese)

가정에서 쉽게 퐁듀요리를 할 수 있게 에멘탈, 그뤠에르, 와인, 브랜드, 향신료를 혼합하여 만든 치즈로서 불에 녹여 바게트, 삶은 새우, 야채 등을 찍어 먹는 것으로 사용되고 있다.

④ 훈제치즈(Smoked cheese)

자연치즈를 훈연한 제품으로 햄처럼 훈연한 맛이 나는 치즈이다. 훈연한 냄새 때문에 자연치즈 특유의 발효냄새가 전혀 없으며, 조직은 하드 치즈류에 속하기 때문에 약간 단단하지만 부드러워 뷔페, 샐러드, 치즈냄새를 싫어하는 사람들에게 많이 사용된다.

MEMO

CHAPTER

08

어패류

수산동물에는 해수 또는 담수에 서식하는 어패류와 바다동물인 포유류, 파충류 등이 있으며, 수산식물에는 해수 또는 담수에 서식하는 해조류의 녹조식물, 홍조식물, 갈조식물 등이 있고, 무척추 동물인 환형, 자포, 절지, 극피 동물 등으로 이루어져 있다.

Chapter 08 어패류

수산동물에는 해수 또는 담수에 서식하는 어패류와 바다동물인 포유류, 파충류 등이 있으며, 수산식물에는 해수 또는 담수에 서식하는 해조류의 녹조식물, 홍조식물, 갈조식물 등이 있고, 무척추 동물인 환형, 자포, 절지, 극피 동물 등으로 이루어져 있다. 수산식품은 동물성 단백질의 급원이 되며, 각종 무기질 성분의 보고로 인간의 식생활에 기여하는 바가 매우 크다.

어패류는 크게 어류와 패류로 나눌 수 있다. 어류는 대부분 물에 대한 저항력을 적게 받기 위해 방추형으로 되어 있으며, 뼈를 골격으로 하여 환경과 체형에 따라 비늘과 지느러미가 적절한 형태를 갖추게 된다. 패류는 어류와는 달리 골격이 없고 껍질이나 근육의 형태로 조개류(쌍패류, 권패류), 연체류, 갑각류로 나눌 수 있다.

어패류는 육류 못지않은 양질의 단백질을 함유하고 있어, 곡류를 주식으로 하는 우리 식생활에 70% 이상의 단백질을 공급할 만큼 영향학적 기대가 크다.

이외에도 비타민군과 DHA, EPA 등 인체에 필요한 각종 영양소를 지니고 있다. 어패류는 종류가 매우 다양하고, 같은 종류라도 연령, 대소, 성숙도, 포획시기 등에 따라 체내 조직 및 조성이 다르며, 각각 제 맛을 내는 시기가 있어서 섭취시기를 감안하는 것이 좋다. 움직임이 활발해서 사후경직 기간이 짧으며, 자기 소화가 빨라서 부패 및 변질이 쉽다. 포획량을 알 수 없다는 것도 수육에 비해 큰 단점이다.

1 해수어

1) 고등어(mackerel)

(1) 원산지 및 특징

고등어는 태평양, 대서양, 인도양의 온대 및 아열대 해역이다.

몸은 45cm 정도의 방추형으로 횡단면은 타원형이며, 등에는 청색과 흑색의 물결무늬가 옆줄까지 퍼져 있으며 배 쪽에 반점이 없고 은백색이다. 가다랭이와 비슷하지만 고등어는 제1등지느러미와 제2등지느러미가 떨어져 있어 구별이 가능하다.

(2) 성분 및 효능

고등어는 지방함량이 15% 정도로 가을에 살이 올라 10~11월에 가장 맛이 있다. 고등어의 살에는 히스티딘(histidine)이 많아서 선도가 떨어지면 히스타민(himtamine)으로 변화되고 그것은 알러지성 식중독의 원인이 되기도 하며, 내장은 자가소화 효소의 활성이 강하여 선도가 빨리 떨어지므로 보관할 때 내장은 반드시 제거하여야 한다. 그러나 히스티딘(histidine), 라이신(lysine), 글루타민산(glutamic aicd), 이노신산(inosinic acid) 등의 맛을 내는 성분도 많이 함유되어 있다. DHA, EPA가 풍부하여 사람의 혈압을 낮추는 역할을 할 뿐 아니라 비타민 B_2, 비타민 E가 많다.

(3) 선택 및 저장법

몸의 색과 눈이 맑고 아가미를 들어 보았을 때 진홍색이며 표면에 윤기가 나는 것이 좋다. 고등어는 자반, 조림, 튀김 이외에도 통조림의 가공품으로도 활용한다.

2) 청어(herring)

(1) 원산지 및 특징

청어는 청어과에 속하며 누어라는 별칭을 가지고 있다. 외형이 정어리와 아주 비슷하지만 몸높이가 조금 높고 머리 모양이 모가 나있으며, 양쪽 턱에는 작은 이빨이 나있다. 또 등지지느러미가 배지느러미 바로 위쪽에 붙어있고, 비늘은 떨어지기 쉬운 둥근 비늘로 되어 있어서 서로 구분할 수 있다. 몸길이도 약 30cm로 정어리보다 약간 크고 몸은 담흑색의 푸른빛을, 배는 은백색을 띠고 있다.

일본의 홋카이도에서 북미 서부에 걸쳐 분포하고 있으며, 우리나라에서는 경북 이북의 동해안, 특히 포항, 영일만이 주 산란장이 되고 있다.

(2) 성분 및 효능

청어와 같이 지방이 풍부한 생선은 질병에 대한 면역을 높여주는 역할을 하며, 칼슘, 철, 비타민 B_2가 풍부하고 맛이 있을 뿐 아니라 값이 싸서 많이 이용되고 있지만 신선도가 빨리 떨어지는 단점이 있다. 소금구이, 식초절임, 찜, 튀김 등으로 요리될 뿐 아니라 훈제, 염장, 건조 등의 가공품으로 많이 소비되고 있다.

(3) 선택 및 저장법

살이 많고 단단하며 생선 비늘에 윤기가 나는 것이 좋다.

3) 꽁치(pacific saury)

(1) 원산지 및 특징

꽁치과의 바닷물고기로서 우리나라 동서남부 연안과 북아메리카 연안의 표층에 분포하며 몸 길이가 25~30cm로 가늘고 길며, 아랫입술이 암컷은 올리브색, 수컷은 오렌지색을 띤다. 등지느러미와 뒷지느러미가 후방부에 있고 꼬리지느러미와의 사이에 비늘이 많은 것이 특징이다.

(2) 성분 및 효능

꽁치는 어획시기에 따라 지방 함유량이 현저하게 다른데, 가장 맛이 있는 시기는 지방함량이 20%나 되는 10월경이며 산란이 끝난 12월경에는 지방 함량이 적어 맛이 없다. 또 꽁치에는 도코사헥사엔산(DHA)과 비타민 E가 풍부하다.

(3) 선택 및 저장법

꽁치는 생선회, 소금구이, 조림, 튀김, 통조림, 말린 생선 등으로 가공되고 참치 잡이의 먹이로도 이용된다.

꽁치는 몸의 색이 선명하고 윤기가 나고 복부와 피부에 흠이 없고 살이 처지지 않고 탄력이 있으며, 꼬리의 접합부가 황색인 것이 좋다.

4) 멸치(anchovy)

(1) 원산지 및 특징

몸 길이가 약 13cm 정도로 작고 가늘며 등은 짙은 청색이고 배는 은백색이다.

(2) 성분 및 효능

우리나라, 중국, 일본의 연안에 분포하는 연안 회유성 물고기로 봄에는 연안의 내만에 들어왔다가 가을에 남쪽 바깥 바다로 이동하여 겨울철을 보내고 봄에 연안으로 들어오며, 대륙붕 해역에서 봄과 가을에 두 차례 산란한다. 우리나라에서는 두 번째로 어획량이 많고 뼈째 먹는 어류, 칼슘의 급원으로 대표적이다.

(3) 선택 및 저장법

젓갈로 사용하거나, 삶아서 말린 건멸치로 국물내기, 볶음 등에 이용한다.

5) 방어(yellow tail)

연어과에 속하는 방어는 몸이 1～2m, 체중은 약 18kg이나 되는 긴 네모뿔형이며 약간 측편되어 있다. 등은 청색, 배는 은백색을 띠고 주둥이는 원뿔형으로 두 눈 사이보다 길고 입은 크고 비스듬하게 찢어져 있다. 방어는 맛이 특히 좋은 고급 어종으로 몸의 길이에 따라 이름이 달라지는데 60cm 이상인 것은 방어라고 부른다.

(1) 원산지 및 특징

우리나라의 주요 어류 중의 하나로 5월 초순에서 한여름까지 북으로 회유해 올라가다가 늦여름부터 겨울, 봄에 이르기까지 남으로 내려온다. 산란기는 동중국해 남쪽에서는 2~4월이고 북쪽은 6~7월이며, 산란 수는 60~300만 개나 되며 잡식성으로 큰 것은 자기 새끼도 잡아먹는다. 우리나라 동해와 남해의 전 연안, 일본 근해, 연해주 남부근해에 분포한다. 최근에는 시장에서 유통되고 있는 것의 80% 이상이 양식어이고 이들은 천연물에 비해 맛이 떨어진다.

(2) 성분 및 효능

방어에는 히스티딘(histidine) 등의 단백질과 지방, 미네랄, 비타민 D등이 풍부하여 영양식품으로 알려져 있다.

(3) 선택 및 저장법

겨울에 지방이 가장 많아 맛이 좋으며 회, 초밥용 구이, 구이, 조림, 찌개, 염장품, 건어물 등으로 이용되고 있다.

6) 전갱이(horse mackeral)

(1) 원산지 및 특징

전갱이과에 속하는 것으로 우리나라 전 연안에 분포되어 있다. 몸은 40cm 정도의 방추형으로 눈 지름이 주둥이 길이보다 길다. 머리는 몸 높이보다 높으며 등은 암록색, 배는 은백색, 비늘은 황색이며 머리에서 꼬리까지 옆줄을 따라 톱니 모양의 황색 방패비늘이 늘어 있는 것이 특징이고 두개골과 혀 위에는 가는 이빨이 나있다.

1년 내내 맛이 거의 일정한 것이 특징이며 육질이 좋고 맛이 좋기 때문에 전 세계적으로 많이 이용되는 생선으로서, 산란기인 4~7월이 되면 얕은 곳으로 온다.

(2) 성분 및 효능

전갱이의 엑기스 성분에는 알라닌(alanine), 글리신(glysine), 글루타민산(glutamic

acid) 등의 유리 아미노산이 많이 포함되어 있으며 이들 엑기스 성분과 지방이 섞여서 독특한 맛을 낸다. 살은 지방이 많지만 냄새가 없어서 담백하며 말린 전갱이는 무기질의 공급원으로 이용되며 비타민 A도 풍부하다.

(3) 선택 및 저장법

구이, 튀김, 생선회, 초밥, 염제 건어품, 어포 등으로 이용한다.

살이 단단하고 뱃살이 탄력있으며 윤기가 나고 몸이 푸른빛이며 몸 중간에 선명한 가시가 있는 것을 선택하는 것이 좋다.

7) 삼치(club mackerel)

(1) 원산지 및 특징

삼치는 고등어과에 속하며 우리나라 서남연해, 황해도 북부와 일본, 중국, 호주 등의 북동해에 분포되어 있다. 몸 길이는 약 100cm 정도이며 가늘고 긴 방추형으로, 작은 비늘로 덮여있다. 등은 회청색이며 배는 은백색으로, 옆에는 회색반점이 7~8줄 세로로 흩어져 있다. 이빨은 창 모양으로 구부러져 있고 날카로우며 서골과 두개골에는 융털 모양의 이가 있으며 혀 위에는 이가 없다. 4~5월에 산란하며 여름에는 얕은 곳, 겨울에는 깊은 곳에 산다.

(2) 성분 및 효능

지방함량이 높은 편으로 불포화지방산 칼륨이 많이 들어 있어 고혈압, 심장병 예방에 좋다.

(3) 선택 및 저장법

삼치는 살이 희고 부드러우며 맛이 담백할 뿐 아니라 특이한 냄새가 없어서 고급어로 취급된다. 겨울에 가장 맛이 있으며 횟감, 찜, 튀김, 조림구이 등으로 이용하고 있으며 난소는 소금에 절여 젓갈로도 이용된다.

삼치를 고를 때에는 등이 회청색으로 윤기가 흐르고 몸이 단단하고 곧으며 탄력이 있는 것, 눈동자가 맑고 아가미가 진홍색인 것을 선택하는 것이 좋다.

8) 참치(tuna)

(1) 원산지 및 특징

다랑어, 참다랑어라고도 하는 참치는 고등어과에 속하며 몸 길이는 3m, 무게는 700kg에 달한다. 몸은 청색을 띈 흑색이며 배는 흰색이지만, 유어 때는 옆구리에서부터 복부에 이르는 약 10～20줄의 가늘고 광택이 있는 담색의 가로 띠가 있다. 아열대성 어류로 산란장은 열대수역인데 성장함에 따라 온대수역으로 옮기다가 산란을 위하여 다시 열대수역으로 회유하는 것으로, 적도를 중심으로 한 남북 아열대 해역에 널리 분포한다.

(2) 성분 및 효능

고기의 맛이 좋아서 서구에서 즐겨 먹으며 고급 횟감으로 선호되고 있다. 우리나라에서는 서구 및 일본에 수출하기 위하여 원양어선에 의하여 어획되었는데 근래에는 우리의 식생활에서도 많이 소비되고 있다.

근육에는 단백질이 약 25% 정도 함유되어 있으나 검은 살(혈합육) 부분은 맛이 좋지 않아서 통조림으로 이용하기도 하며 비타민, 철, 타우린, EPA, DHA가 풍부하다. 참치는 저지방질, 저칼로리 식품으로 다량의 핵산, 칼슘, 철분, 인, 마그네슘, 셀레늄(SE) 등이 풍부하며, 6～7월에 특히 많이 잡힌다.

(3) 선택 및 저장법

냉동참치의 해동방법으로는 흐르는 물에 10～30분간 담가 빠른 시간에 해동하는데, 물의 온도는 20℃ 이하로 유지하는 것이 좋다. 일단 한 번 해동한 참치는 다시 냉동하지 말아야 하며 냉장보관할 때도 깨끗한 천으로 모든 면을 잘 덮어두어야 한다. 선어보다는 냉동품과 통조림으로 가공하여 더 많이 이용되며 회, 초밥, 불고기, 탕수육, 튀김, 장조림, 구이, 스테이크 등으로 이용되고 있다.

9) 도미(fish bream)

(1) 원산지 및 특징

도미는 온대성 어족으로 세계 대부분의 바다에 분포되어 있으며 우리나라, 중국, 동남아시아 연해에서 많이 잡히고 완도, 해남, 제주도가 주요 산지이다.

(2) 성분 및 효능

도미는 단백질이 18~21%, 지질이 1.8~6%인 고단백, 저지방식품으로, 양질의 아미노산균형을 이루며 곡류에 부족한 필수아미노산이 기준치보다 라이신(lysine)이 5배, 트레오닌(threonine)이 2배 많고 비타민 B_1, B_2가 풍부한데 이는 주로 껍질부분에 많다. 양식산은 자연산에 비해 EPA(eicosapentaenoic acid)와 DHA(docosa hexaenoic acid)가 많은데 이는 사료의 도움 때문이며, 도미는 다른 생선에 비해 타우린(taurine)이 풍부하여 고혈압, 동맥경화 예방에 좋다.

도미는 산지와 크기에 따라 그 맛이 다른데 봄철인 3~4월경이 가장 맛이 좋으며 참돔의 경우 성체가 되기 직전 30cm 정도의 암컷 도미가 가장 맛있어 수컷보다 맛이 좋다. 참도미는 특히 대가리 쪽의 눈이 가장 맛있는데 이는 콘드로이탄황산(chondroitin sulfate)이라는 점질성 뮤코다당(mucopolysaccharide)류가 함유되어 있기 때문으로 도미의 콘드로이틴황산은 노화억제, 피부미용, 관절의 윤활작용을 한다.

도미는 단백질이 18~21%, 지질이 1.8~6%인 고단백, 저지방식품으로 양질의 아미노산균형을 이루며 곡류에 부족한 필수아미노산이 기준치보다 라이신(lysine)이 5배, 트레오닌(threonine)이 2배 많고 비타민 B_1, B_2가 풍부한데 이는 주로 껍질부분에 많다.

(3) 선택 및 저장법

색이 선명하고 손으로 눌렀을 때 살이 단단하며 악취가 없어야 한다. 점액질의 물질이 분비되지 않고 비늘이 단단하게 붙어 있어야 한다.

구입 후 바로 조리하는 것이 좋으며 냉장에서는 2~3일 보관하는 게 좋고 냉동에서 6개월 보관이 가능하다. 보관 시에는 생선의 냄새가 다른 음식에 배지 않도록 밀봉하여 보관한다. 도미를 사용할 때에는 무를 어슷하게 썰어 도미비늘을 긁어주면 비늘이 무에 박혀 튀지 않고 간편하게 제거할 수 있다. 통으로 조리할 때는 아가미를 벌려 내장을 빼내고 손질한다.

10) 조기(yellow tailrunner)

(1) 원산지 및 특징

민어과에 속하는 해수어로서 참조기라고도 한다. 몸은 약 30cm로 길고 꼬리 자루가 매우 가늘다. 배 부분은 황금빛을 띠며 비늘 줄을 따라 비스듬한 띠는 옆줄 위쪽에 있고 군데군데 중단되어 있다. 우리나라 서남해, 중국 보하만에서 동남 중국해 일대와 타이완 근래에 분포한다.

(2) 성분 및 효능

우리나라 사람들이 가장 즐기는 생선으로 명절 때나 제수용, 선물용으로 많이 쓰이는 고급생선인 조기는 살이 희고 담백한 맛을 가지고 있다. 가을에 나는 조기는 원양에서, 봄에 나는 조기는 서해에서 잡히는 것으로 산란 직후의 것이 가장 맛있다. 구이, 찜, 조림, 매운탕, 맑은 국 등으로 이용된다.

(3) 선택 및 저장법

비늘이 은빛이고 살에 탄력 있는 것이 좋다. 국내선과 수입산 구별법으로 국내산 참조기는 안구 주위가 노랗고 붉은색이며 배가 선명한 황색인데 비해 수입산의 안구는 붉고 배는 흰색이다. 또한 국내산은 지느러미가 노랗고 수입은 회색이다.

11) 갈치(hairtail)

(1) 원산지 및 특징

갈치과에 속하며, 한국을 비롯하여 일본, 타이완, 필리핀, 호주, 대서양 등에 분포한다. 몸 길이는 1.5m 정도로 납작하게 가늘고 길어 꼬리가 긴 끈처럼 생겼으며 비늘, 배지느러미와 꼬리지느러미가 없고 등지느러미 하나가 전부를 차지하는 것이 특징이다. 몸은 은백색이지만, 먹갈치는 회갈색이며, 지느러미는 모두 검은색이고, 입이 크며 억센 이빨이 있다. 원양은 근해산에 비해 머리가 길고 눈이 동그랗고 등뼈가 굵다. 산란기는 서식장소에 따라 다르지만 보통 6~10월경이다.

(2) 성분 및 효능

갈치는 일년 내내 거의 맛에는 변함이 없고, 살이 희고 부드러우며 지방이 많지만 담백하다. 맛이 좋아 소금구이나 양념구이, 절임, 튀김, 찌개, 고급 어묵의 원료, 등에 이용된다.

(3) 선택 및 저장법

은분이 벗겨져 있지 않으며 등이 약간 검정색을 띤 것이 신선하며 몸 전체가 약하면서 살이 탄력 있는 것을 선택하는 것이 좋다.

12) 민어(croaker)

민어는 우리나라의 주요 어종이지만 어획량은 그다지 많지 않다. 민어과에 속하며 민어, 회어, 면어라 불리기도 했다. 우리나라 서남해 부근, 중국, 일본 등에 많이 분포되어 있으며 여름철에 연해에서 산란한다. 모양은 조기와 비슷하지만 몸 길이가 90cm 정도로 크기는 훨씬 크고 등은 회청색, 배는 연한 회색이며 등지느러미 부근에 작은 비늘이 촘촘하게 나 있고, 주둥이는 뭉툭하고 아래턱이 위턱보다 짧고 턱에 2쌍의 구멍이 나 있다.

민어는 회, 조림, 찜, 소금구이, 찌개 등으로 이용되며 건제품이나 훈연품 연료로도 이용되고 있다. 국산 민어는 몸의 폭이 낮고 등의 색이 짙으며 배가 연한 회색이지만, 수입의 경우 몸의 폭이 높고 등의 색이 연하며 배가 흰색이다.

13) 농어(sea bass)

농어과에 속하며 우리나라, 중국, 일본 등에서 잡히는 근해어로 노어, 깍정이라고 불리기도 하고, 옆구리에 흑점이 많은 것은 보로어, 걸덕어라 하기도 하였다. 몸은 약 90cm 정도이고 가늘고 길다. 머리는 크고 주둥이는 뾰족하며 아래턱이 위턱보다 돌출해 있으며, 등은 회청록색, 배는 은백색이지만 유어 때는 옆구리와 등지느러미에 작고 검은 점이 산재해 있다.

가을이나 겨울에 민물과 바닷물이 만나는 연안이나 하구에서 산란을 하며 유어는 봄과 여름에 담수로 올라가서 생활하다가 가을과 겨울이 되면 다시 내려온다. 농어는 육식성으로 갑각류, 조개류, 작은 물고기를 먹는다. 여름에 가장 맛이 좋고 8월 중순이 지나면서 맛이 떨어진다. 성장함에 따라 이름이 바뀌고 크기에 따라 맛도 바뀐다. 횟감, 소금구이, 튀김 등으로 이용된다.

14) 가자미(small mouthed sole)

가자미는 가자미과에 속하는 것으로 우리나라 전 연해에 분포하고 있으며, 편평한 물고기라는 뜻의 'flatfish'라는 명칭을 갖는다. 한자어로 비목어 또는 첩이라 하였으며, 우리말로 비목어는 가자미, 광어는 넙치라 하였다. 허준의 동의보감에 의하면 가자미는 기력을 더하게 한다 씌어 있다.

"좌 넙치 우 가자미"라는 말이 있듯이 가자미는 양쪽 눈이 몸의 우측에 있고 넙치는 왼쪽에 있으나 간혹 예외인 것들도 있기 때문에 눈만으로는 구별하기가 힘들다. 어린 고기일 때는 양측에 눈이 붙어 있는데 성장함에 따라서 눈이 편평해지고 눈은 몸의 우측으로 기울어져 눈이 있는 쪽을 위로하여 모래 위에서 생활한다. 이때부터 몸의 색도 좌우가 달라져 눈이 있는 쪽은 회갈색, 등은 진한 고동색, 배는 흰색이며 흑색 반점이 있는 것도 있다. 한편, 크기가 15cm 이하인 것은 세꼬시로 이용된다.

가자미의 육질은 지방이 적어서 담백하며 종류 및 시기에 따라서 맛이 다른데 겨울에 가장 맛이 좋다. 단백질과 비타민 A가 비교적 많이 함유되어 있으며, 넙치와 함께 고혈압을 예방할 수 있는 식품으로 알려져 있다. 큰 넙치류는 맛이 좋고 참서대류는 건어로 한 것이 맛이 좋다. 연안산은 활어 및 선어로, 원양산은 주로 가공용으로 소비된다. 찜, 소금구이, 튀김, 뫼니에르 등으로 많이 이용되고 있다.

가자미는 살이 탄력있고 단단하며 비늘이 가지런하고. 뱃살이 희고 등이 진한 고동색인 것이 신선하다. 얼린 가자미를 해동하는 경우 표면이 미끄럽고 끈적거림이 많은 것이 좋다.

15) 숭어(gray mullet)

우리나라 전 연해에 분포되어 있는 숭어는 숭어과에 속하며 한자어로 치어, 수어라 하며, 작은 것은 등기리라 하고 어린 것은 모치라고 한다. 바닥에 있는 유기물이나 조류를 먹기 때문에 이빨은 퇴화되어 있지만 먹이를 부수기 위해 위벽이 주판알과 같이 되어 있는데 이것을 '숭어의 배꼽'이라 하여 진미로 여기고 있다.

예로부터 맛이 좋아 물고기 중에서 제1로 여겨왔는데, 등이 검고 둥글며 눈은 작고 노란빛을 띤다. 몸은 55~80cm 정도로 가늘고, 각 비늘 중앙에 흑색 반점이 있어 여러 줄의 작은 세로줄이 있는 것처럼 보이며 위턱은 아래턱보다 약간 짧다. 늦가을에서 겨울에 이르기까지 피하지방이 많아지고 지방질의 눈꺼풀이 생기며 겨울에는 이것이 발달하여 시력이 매우 떨어진다.

담수, 기수 및 해수에서 서식하고 있는 치어는 기수와 담수지역에 살다가 몸이 25cm 정도 되면 바다로 간다. 전 세계적으로 온대와 열대에 널리 분포하고 있으며 우리나라에서는 영산강 수역에서 잡히는 것을 고급 숭어로 여긴다. 겨울철에 많이 잡히며 맛은 담백하지만 특이한 냄새가 나고 난소를 염장하여 말린 것을 치자라 하여 고급 술안주로 쓰이고 있다. 숭어를 먹으면 비장이 좋아지며, 말린 것은 건란이라 하여 진미로 여기고 있다. 또한, 숭어는 진흙을 먹고살기 때문에 백약에 어울린다고 하였으며, 위를 편하게 하고 오장을 다스리며 오래 먹으면 몸에 살이 붙고 튼튼해진다고 한다. 세종실록과 지리지에 건제품을 건수어라 하여 자주 기록되어 있는 것으로 보아 소비가 많았던 것으로 여겨진다. 선도가 좋은 것은 생선회로 이용되고 그 외 찌개, 소금구이 등으로 이용한다.

16) 넙치(bastard halibut)

넙치는 넙치과의 해수어로서 흑갈색 바탕에 유백색의 작고 둥근 반점이 흩어져 있으며 광어라고도 한다. 몸 길이는 약 60cm이고 눈은 왼쪽에 2개가 있으며 눈이 있는 쪽의 비율은 빗 비늘이며 눈이 없는 쪽은 둥근 비늘을 가지고 있다. 넙치는 입이 크고 위턱이 눈보다 뒤쪽까지 이어지며, 양식산은 배의 흰 부분에 크고 검은 반점이 있는 것이 특징이다.

우리나라 전 연해, 일본, 중국, 사할린 등의 연해에 분포하고 있으며, 겨울에는 심해에서 서식하고 2~6월경 연해 해저에서 산란한다. 부화 직후 눈이 양측에 있을 때는 바다 중층을 헤엄치지만, 저서 생활로 들어가면 눈이 왼쪽으로 이동하여 나란히 위치하게 된다. 겨울에 특히 맛이 좋으며 회, 튀김, 뮈니에르, 찜 등으로 이용된다.

17) 대구(cod)

(1) 원산지 및 특징

대구는 대구과에 속하며 동해 북쪽, 일본 북쪽, 오호츠크해 등지에 분포하고 있다. 몸 길이가 60～100cm로 뒤쪽이 가늘지만 대체로 비대하여 명태보다 크다. 아래턱은 위턱보다 짧고 1개의 수염이 있으며 입이 크고 등은 회갈색이며 배는 흰색이다. 등지느러미와 옆구리에는 모양이 고르지 않은 반점과 물결 모양의 선이 있으며, 턱에는 잘 발달된 1개의 수염이 있고 주둥이는 둔하고 입은 비스듬하게 찢어져 있고 커서 대구라는 이름이 붙었다. 한국산 대구는 몸의 생김새에 따라 동해계와 서해계로 구분되는데, 서해계가 동해계에 비해 크기가 작다. 겨울인 12～2월 산란기가 되면 연안의 얕은 바다로 회유하며 북쪽으로 갈수록 서식하는 깊이가 얕아진다. 식성은 탐식성으로 어류, 갑각류를 잡아먹고 사는데 때로는 돌자갈이나 자기의 새끼를 잡아먹을 때로 있다.

(2) 성분 및 효능

대구의 간장에는 지방과 비타민 A를 많이 함유하여 간유의 원료가 되고 있으며 이 간유는 만성 류머티즘과 통풍치료에 효과적이다. 또 아미노산의 일종인 타우린이 풍부한데, 타우린은 피로회복, 시력증강, 간기능 강화, 흥분제 등에 좋은 역할을 한다. 대구는 겨울에 가장 맛이 좋아 명태보다 기호도가 높지만 선도가 떨어지기 쉽고 선도가 떨어지게 되면 맛도 감소한다.

(3) 선택 및 저장법

찌개재료로 유명하며 회로 먹거나 건제품, 염장품 등으로 가공하기도 한다. 알은 졸여서 먹는데 성숙해서 난막이 검게 된 것은 맛이 떨어지지만, '이리'라고 하는 정소는 고급품으로 이용된다. 탕, 전골, 찜, 전유어, 찌개 등으로 이용된다. 갈색무늬가 선명하게 퍼져 있는 것으로 선택한다.

18) 임연수어(atka mackerel)

(1) 원산지 및 특징

임연수어는 쥐노래미과에 속하며, 우리나라 동해와 일본 홋카이도 근해에 분포하고 있다. 몸 길이는 45cm 이상이 되고 가늘고 길며, 외형은 쥐노래미와 비슷하나 꼬리자루가 가늘고 꼬리지느러미는 깊이 두 갈래로 갈라져 있다. 몸의 색은 2종류가 있는데 한 종류는 연한 황색 바탕에 옆구리에 5줄의 검은색 띠가 세로로 그어져 있으며 흑색의 뒷지느러미를 가지고 있고, 다른 한 종류는 연한 회색을 띤 황색 바탕에 연한 검은 색의 수직지느러미를 갖는다. 12~2월, 5~6월에 많이 잡히며, 산란기는 9~2월이고, 6~30cm 깊이의 바위 틈새에 산란한다.

(2) 선택 및 저장법

임연수어는 맛은 특이하지 않지만 튀김이나 회, 구이, 조림 등으로 이용된다. 비늘이 떨어지지 않고 몸의 색과 눈동자가 맑으며 살이 갈라지지 않고 탄력있는 것을 선택한다.

19) 명태(alaska pollack)

(1) 원산지 및 특징

명태는 오호츠크해, 북아메리카 태평양 연안의 표층에 널리 분포되어 있으며 대구과에 속한다. 동건조 황태, 반건조시킨 코다리, 냉동시킨 동태 및 생태 등의 상태로 이용되고 있으며, 알은 명란젓으로, 창자는 창란젓으로 이용되어 버릴 것이 없는 생선이다. 생것을 명태, 말린 것을 북어 또는 건태라 하였다. 또한 산란기 중에 잡힌 명태를 동결과 해동을 반복하여 만든 것을 더덕북어 또는 황태라 한다. 또 연근해에서 잡은 명태는 지방태라 하고, 북태평양 등 원양 에서 잡은 명태는 원양태라 하는데 명태의 생산량이 줄어들면서 지방태 로 명란젓을 담그는 경우는 드물고 원양태의 배를 갈라서 어체는 코다리 와 황태로, 알은 명란젓으로 담근다. 명란젓은 명태알의 크기와 숙성 정 도에 따라 그 품질을 판정하는데 명란은 10~15cm 정도 크기의 알주머니에 충분히 숙성되고 꽉 차 있는 것이 숙란으로 상품이며, 알이 제대로 크지 않아 물렁하고 힘이 없는 것이 미숙란으로 하품에 속한다. 산란 기는 한국의 동해 북부에서는 12~2월, 일본에서는 2~4월이다.

(2) 성분 및 효능

살에는 지방이 매우 적지만 간장에는 많아 간유에 함유된 비타민 A가 대구에 비해 3배 가량 된다. 명태찌개 등으로 가열 조리하면 티오프롤린 등의 아미노산이 생성되고 이것이 체내에서 발암성 물질의 생성을 억제 하는 것으로 연구되고 있다.

(3) 선택 및 저장법

명태는 장기간 냉동 보존하면 맛이 떨어질 뿐 아니라 살에 수분이 많아 가열하면 살이 흩어지므로 말리거나 갈아서 가공하거나, 신선한 명태를 훈제품의 원료로 사용하기도 한다. 색이 선명하며 껍질이 얇고 알이 숙성되어 꽉 차있는 것을 선택한다.

20) 가오리(ray)

(1) 원산지 및 특징

가오리는 연골어류 홍어목에 속하는 물고기의 총칭으로 우리나라 서남 해안에 분포하고 있다. 모양은 편평하고 마름모꼴의 몸에 긴 꼬리를 가지 고 있는데, 노랑가오리는 등지느러미가 퇴화하여 독선이 있는 꼬리 가시가 1~3개 있으며, 비늘은 퇴화하여 전체적으로 매끄럽다. 산란하는 수는 많지 않고 알이 크며, 알에서 부화한 새끼도 크기가 크기 때문에 다른 종류에 비해 어릴 때 죽는 일이 적다.

(2) 성분 및 효능

체내에 요소가 많기 때문에 죽은 후 단시간 내에 요소가 분해되어 암모니아로 되므로 악취가 나는 경우가 있으며, 특히 여름에 맛이 좋고 찜이나 튀김 등으로 이용된다.

(3) 선택 및 저장법

국산 가오리는 등이 황갈색, 배는 흰색이며 꼬리가 가늘고 긴데 반해 수입산의 경우 등이 담황색, 배는 검은색이며 꼬리가 통통하고 짧다.

21) 홍어(skate)

(1) 원산지 및 특징

홍어는 가오리과에 속하며 소양어, 태양어라고 하고 모양이 연잎을 닮았다 하여 하어, 생식의 괴이한 상태 때문에 해음어라고도 한다. 우리나라의 남해와 서해, 일본, 동중국해 등지에 널리 분포하고 있다. 몸 길이는 약 150cm 정도이고 마름모꼴로 폭이 넓으며 등 쪽은 갈색, 배는 흰색 혹은 회색으로 배의 중심에는 많은 가시가 있다. 머리와 주둥이는 작으며 튀어나와 있고, 가슴지느러미 밑 부분에 검은 테를 가 진 둥근 무늬가 있다. 가슴지느러미는 크고 뒷지느러미는 없으며 배지느러미는 있어도 아주 작다. 꼬리에는 2개의 작은 등지느러미와 꼬리지느러미가 있고 꼬리의 등 쪽 가운데 부분에 수컷의 경우는 1줄, 암컷은 3줄의 날카로운 가시가 줄지어 있고, 수컷은 배지느러미 뒤쪽에 막대기 모양의 2개의 교미기가 있다.

(2) 성분 및 효능

가을에서 이른 봄에 산란하고 10~11월에 많이 나며, 찜, 포, 회, 조림, 무침이나 매운탕으로 이용된다. 특히 전라도 지방의 홍어회와 홍어를 썩혀서 탁주와 함께 먹는 홍탁이 유명하다.

(3) 선택 및 저장법

껍질을 벗겼을 때 붉은 핏기가 있고 악취가 나지 않으며 살이 단단한 것이 좋다.

22) 병어(pomfret)

병치라고도 하는 병어는 병어과에 속하며, 우리나라 서남해안, 일본, 동중국, 인도네시아 등지에 널리 분포하며 난해성, 외양성 어류로 산란기인 6월경이 되면 내해로 들어와 산란한다. 몸이 약 60cm 정도이고 평평한 계란 모양이며, 등이 많이 튀어나와 있어 몸 높이가 길이의 1/3 이상이나 된다. 등은 청색을 띤 은백색이며 전신이 얇고 떨어지기 쉬운 비늘로 덮여 있고 아래턱이 튀어나와 있으나 짧고 둔하며 입은 작다. 배지느러미는 없고 꼬리지느러미는 길게 둘로 갈라져 있다. 선도가 좋은 것은 생선회로 이용되고 찜, 구이, 튀김 등으로 많이 이용되고 있다.

병어는 몸이 전체적으로 푸른빛이 도는 은백색이며 비늘과 살이 단단한 것이 좋다.

23) 복어(puffer)

복어는 복어과에 속하며 전 세계적으로 120여 종이 있으며, 우리나라 에는 약 18종이 있다. 복어에는 테트로도톡신(te tro do to xin)이라는 독소가 함유되어 있는데 난소에 가장 많으며 간, 피부, 장의 순으로 많고 근육에는 적다. 이 독은 물이나 알칼리에 쉽게 분해되나 열에는 파괴되지 않아 먹었을 때 중독사하는 경우가 있다. 복어의 요리법은 먼저 지느러미를 자르고 꼬리 쪽에서 등과 배에 칼집을 넣어 머리 쪽으로 껍질을 벗겨낸다. 그 다음 머리를 자르고 내장을 제거한 다음 몸을 등골을 중 심으로 필렛 상태인 3쪽으로 가른다. '복 한 마리에 물 한 섬'이라는 말이 있듯이 많은 양의 흐르는 물을 사용하여 충분히 씻는다.

복어 중 가장 많이 식용되며 최고급인 자주복은 독성이 아주 강하기 때문에 산란기를 전후해서는 먹지 않는 것이 좋으며, 자주복 외에도 까칠복, 검복 등이 요리에 많이 이용된다. 복어는 지방이 적기 때문에 맛이 담백하여 횟감, 탕, 건물, 훈제 등으로 이용된다.

24) 가다랭이(skipjack)

(1) 원산지 및 특징

가다랭이는 고등어과에 속하며 태평양, 대서양, 인도양 등의 열대해역에 분포하고 있다. 배 쪽에 여러 줄의 청흑색 무늬가 있는데 이것은 사후에 나타나고 살아있을 때는 무늬가 없다.

(2) 성분 및 효능

가다랭이의 등살은 수분 함량이 비교적 적고 단백질이 많으며, 혈합육은 비타민 A·B_1·B_2·B_{12}· 철분, DHA가 많이 함유되어 있다. 가다랭이는 가을에 지방이 많아서 맛이 좋으며, 맛을 내는 물질인 이노신산을 함유하고 있어 국물을 우려내는 데는 지방이 적은 것을 주로 이용한다.

(3) 선택 및 저장법

국물 다시를 내는 가쓰오부시의 원료로 많이 쓰이며 횟감, 조림, 통조림 등의 원료로도 이용 된다.

25) 동태(alaska pollack)

명태를 얼린 것을 동태 또는 동명태라 하는데 동태는 연안산과 원양산으로 나눈다. 연안산은 육질이 연하여 냉동 저장했을 때 품질이 떨어지므로 주로 신선한 상태로 유통되며, 원양산은 연중 생산되며 항시 비축이 가능하다. 동태는 명태를 겨울에 잡아 얼리거나 영하 40℃ 이하에서 급속 냉동시킨 것으로, 우리나라에서는 1930년대부터 시판되기 시작한 것으로 알려져 있다. 냉동법은 장기간의 보존을 위해서 발달하게 된 방법으로 급속 냉동법이 생선의 세포조직에는 별 변화가 없다고는 하지만 조직이 단단하고 건조해지며 탄력성이 적어지는 단점이 있으며, 맛난 맛을 내게 하는 유리 아미노산과 5′ －모노뉴클레오티드(mono nu-cleotide) 등이 감소하고, 비린내를 내는 성분인 트리메틸아민(trime thylamine) 함량과 지방 산화물 등이 증가한다.

동태는 100g당 98kcal의 열량을 내는 동물성 단백질의 중요한 급원식품으로, 살이 희고 비린내가 적어 식생활에서 많이 이용되고 있다. 매운탕이나 동태포로 가장 많이 이용되고 있으며 국, 찜, 조림 등으로도 이용된다. 동태는 몸의 색과 눈동자가 맑고, 등에 윤기가 흐르며 배는 희고 살이 단단하며 아가미가 선명한 것이 좋다.

26) 아귀(angler fish)

(1) 원산지 및 특징

우리나라, 서태평양, 인도양 등에 널리 분포하는 어종으로 아귀는 지역마다 부르는 이름이 다양하다. 아귀는 고기, 간, 난소, 아가미, 지느러미, 껍질의 일곱 부위로 나눌 수 있는데 각 부위별로 다양한 맛과 질감을 가지고 있다. 특히 잇몸 주변 부위는 탄력성이 뛰어나며 간은 맛이 좋아 애탕을 만들기도 한다.

주로 찜과 탕으로 이용한다.

(2) 성분 및 효능

아귀의 흰살은 단백질과 아미노산(amino acid) 풍부하며 타우린(taurine)과 DHA(docosa hexaenioc acid)가 풍부해 성장기 어린이의 두뇌 발달과 간 기능 회복에도 좋으며 특히 아귀의 간에는 비타민 A가 집중되어 있어 눈의 점막기능 강화와 면역기능을 증진시키고, 항산화작용으로 눈 세포의 손상을 막아주는 효과가 있다.

아귀는 수분함량이 높고 지질과 콜레스테롤이 적어 저지방, 저칼로리 식품으로 꼽히는데 아귀의 열량은 60Kcal로 오징어나 닭고기보다 낮으며, 콜레스테롤 또한 현저히 낮다. 비타민 B_3가 풍부하여 스트레스 호르몬을 조절해 주며 심혈관과 알츠하이머 및 백내장을 예방하고 신경계 발달을 도우며 비타민 D도 풍부해 면연력 증진과 뼈의 성장에 좋은 식품이다.

아귀의 지느러미와 껍질에 콜라겐이 많아 익으면 콜라겐은 피부의 진피층을 도와 피부의 탄려을 유지시켜 주고, 주름을 개선하는 효과가 있어 피부미용에 좋다.

(3) 선택 및 저장법

내장을 확인하고 빛깔이 선명한 것을 고른다.

2 담수어

담수어는 수온이 높고 물이 얕은 곳에서 사는 어류를 말하는데, 같은 담수어라 하더라도 서식장소가 서로 다르다. 잉어나 붕어는 강의 하류나 못에 살고, 뱀장어는 깊은 바다에서 산란한 후 다시 강으로 올라오는 등의 특징이 있다.

1) 뱀장어(eel)

뱀장어는 참장어과에 속하며 한국, 일본, 중국, 인도차이나, 전 유럽, 지중해 연안, 오스트레일리아 등에 분포하고, 몸 길이가 40~60cm로 가늘고 길며 머리 쪽은 둥글고 꼬리 쪽은 납작하다. 몸의 색은 여러 가지가 있는데 푸른색이 도는 담홍색인 것, 누런색을 띤 것, 검은색만 있는 것 등 이 있다. 배지느러미가 없이 등지느러미가 뒷지느러미, 꼬리지느러미와 연결되어 있으며, 큰 입이 세로로 찢어져 있으며 아래턱은 위턱보다 발달해 있고, 잔 비늘이 있지만 피부에 묻혀 보이지 않고 뚜렷한 옆줄이 있다.

뱀장어는 민물에서 5~12년간 서식하다가 산란기인 8~10월이 되면 바다로 내려가 수온과 염도가 높은 심해에서 알을 낳고, 산란기가 되면 등은 금속성 광택을 내고 배는 붉은색을 띤 은백색으로 변하며 가슴지느러미의 기부는 황금색을, 주둥이 끝은 자흑색을 띤다. 이런 산란기의 뱀장어는 소화기관이 퇴화되어 먹이를 먹지 않으면서 깊은 바다의 산란장을 찾아가 산란을 한 후에는 죽는다. 뱀장어의 수명은 유럽산은 10년, 북아메리카산은 15년 정도이다.

뱀장어는 음력 5월이 되어 움직이기 시작할 때가 가장 맛있고, 살코기 와 간장에 다량의 비타민 A·B_1·B_2와 지방을 함유하고 있다. 한 마리에 130~150g 정도인 것이 요리하기에 적당하다.

2) 잉어(carp)

잉어는 잉어과에 속하며 한자어인 리어가 음이 변해 붙여진 이름으로, 인류가 양식한 물고기 중에서 가장 오래된 것으로 기원 전 약 500년경의 중국문헌에 이미 양식법이 상세히 기록되어 있다.

잉어의 원산지는 잘 알려져 있지 않으나 온대역의 큰 하천, 호수, 저 수지에서 발견된다. 몸의 길이는 일정하지 않지만 100cm 정도나 되는 것도 있어 몸이 크고, 머리는 원추형이며 입은 몸의 앞쪽에 있다. 갈색을 띠는데 등은 짙고 배는 연하며 크고 둥근 비늘이 있고, 입 둘레에는 2쌍의 수염이 있으며 이빨이 잘 발달해 있다. 5월 중순에 수온이 15℃로 올라가면서 산란이 시작되고 수온이 18∽20℃일 때가 가장 왕성하다. 잉어는 몸 길이가 30cm 정도인 것이 가장 맛이 좋다.

단백질과 지질이 많고 무기질, 비타민도 풍부하여 영양적으로 우수한 어류이지만, 간디스토마의 유충이 살에 기생하는 수가 있으므로 생으로 먹는 것은 좋지 않다. 지느러미 뒤에 있는 담낭이 터지면 전체적으로 쓴 맛이 퍼지게 되므로 조리를 할 때는 담낭이 터지지 않도록 주의하여야 한다. 잉어는 일반가정에서 자양식품, 반 약용식품으로 귀하게 여기는 것으로 일식이나 중식요리의 재료로도 많이 쓰이며 여름에는 주로 회로, 겨울에는 국 등으로 이용하고 있다.

3) 미꾸라지(loach)

미꾸라지는 잉어과에 속하며 옛 문헌에는 추어, 미꾸리, 이추, 밋구리 등의 이름으로 기록되어 있다. 연못이나 논두렁 등 진흙이 깔려있고 물의 흐름이 없는 얕은 곳에서 많이 서식하고 있다. 몸 높이가 높고 몸 길이가 몸 높이의 5.6배나 되며, 긴 수염이 있고 꼬리지느러미 위쪽에 희미한 흑점이 있는데 이것은 성어가 되면 없어진다. 꼬리가 둥글고 몸은 매우 미끄러우며 주둥이가 길고, 아래쪽에 있는 입가 에는 콧수염이 5쌍 있는 것이 특징이다. 4∽7월이 산란기이며 생후 2∽3년생을 주로 식용으로 하고 있는데, 10∽11월경에 가장 많이 잡히고 최근에는 양식도 많이 하고 있으며, 보신용으로 탕이나 구이로 이용된다.

(1) 원산지 및 특징

살아 있으며 몸이 통통하고 길이가 10cm 정도이고 크기가 고른것이 좋다.

4) 붕어(round crucian)

붕어는 환경에 대한 적응성이 가장 큰 어류로서, 잉어과에 속하며 잉어와 비슷한 모습이지만 잉어는 콧수염이 2쌍 있고 붕어는 없다. 오래 전부터 식용되어 왔기 때문에 우리에게 친숙한 어류이다.

붕어의 몸은 20∼40cm 정도이고, 꼬리자루의 너비는 넓은 편이며, 등은 황갈색, 배는 은백색에 황갈색을 띤다. 머리는 짧고 눈이 작으며 주둥이가 짧고, 콧구멍이 서로 맞붙어 있으며 작은 입에 두꺼운 입술을 갖는다. 가슴지느러미는 대칭형이고 좌우의 배지느러미가 서로 붙어 있으며, 몸에는 둥근 비늘이 나 있으나 머리에는 없다.

4∼7월에 산란하고 잡기 쉬운 곳에 많이 분포하기 때문에 옛날부터 식용으로 이용되어 왔다. 찌개나 조림 등으로 이용하고 회로 먹기도 하는데 익히지 않고 먹을 때는 기생충에 감염될 우려가 있다.

3 조개류

조개류는 전 세계적 으로 25,000여 종이 있고 우리나라에는 약 190종이 있는 것으로 알려져 있는데, 현재 식량자원으로 양식되고 있는 조개는 50∼60종에 이르며, 대부분 바다에 살지만 담수에 사는 것도 많다. 선사시대의 조개더미가 발견되는 것으로 보아 조개는 예로부터 식용으로 이용되었다는 것을 알 수 있다. 옛날에는 조개껍질이 칼이나 국자, 접시의 대용으로 쓰였고, 색이 아름다워 장신구나 장식용으로 이용되었다. 조개는 딱딱하고 이음매가 있는 두 개의 껍질을 가지고 있거나 딱딱한 껍질로 이루어져 있고 그 안에 부드러운 근육이 있는 형태를 띠고 있다. 껍질이 두꺼운 것은 늙은 조개이며 얇은 것이 어린 조개로 맛이 좋으며, 껍질이 닫혀져 열리지 않거나 열려져 있는 것은 죽은 것이므로 신선하지 못하다.

조개류에는 콜레스테롤을 감소시키고 심장을 강화, 간장 해독능력 향상, 혈압 안정, 당뇨병 예방 등에 뛰어난 효과를 보이는 타우린이 풍부하여 여러 가지 성인병에 유익하다.

1) 피조개(ark shell)

(1) 원산지 및 특징

피조개는 꼬막조개과에 속하며 식용으로서의 가치가 높고 꼬막과 모양이 비슷하지만 껍질의 길이가 12cm로 꼬막보다 더 크고, 조가비는 불룩하고 껍질 표면에 약 42줄의 방사륵이 있다. 수심 5∼50m 사이의 고운 모래에서 서식한다.

(2) 성분 및 효능

꼬막류 중에서 가장 크고 육질이 연할 뿐 아니라 진한 적색의 살에는 단백질이 생선의 반 정도 함유되어 있고 칼슘도 함유되어 있다.

(3) 선택 및 저장법

회나 초밥의 원료로 쓰이는 것으로, 통조림의 원료로도 이용한다. 수입산 피조개는 살의 색이 황백색인데 비해 국산 피조개는 선명한 붉은색을 띄고 있으며 육질이 탄력있고 단맛이 강하다.

2) 홍합(japanese mussel)

(1) 원산지 및 특징

홍합은 홍합과에 속하는 바다조개로 우리나라, 일본, 중국 북부 등에 분포하며, 3∼9월이 산란기이며 3∼5월, 10∼12월에 많이 출하된다. 껍질의 길이는 약 14cm이고 장란형으로 앞 끝은 가늘고 뾰족하며 뒷등 가장자리는 길고 곧은 편이다.

(2) 성분 및 효능

단백질이 풍부하고 지방이 적으며 다른 조개류와 같이 단맛이 있으며 엽산과 미네랄도 풍부하다.

(3) 선택 및 저장법

국, 찌개, 찜이나 샐러드의 재료로 이용하고 쪄서 말린 홍합도 많이 이용되고 있다. 입이 벌어지지 않은 것으로 껍질이 잘 보존되어 있고 회색의 윤기가 나며 냄새가 나지 않고 살이 퍼지지 않은 것이 좋다.

3) 소라(top shell)

(1) 원산지 및 특징

소라는 우리나라의 남부연안과 일본 남부연안에 분포하고 있다. 껍질의 높이는 약 10cm이고 지름이 약 8cm로서, 껍데기는 두껍고 견고하며 원뿔형의 나탑이 있고 나층은 6층으로 각 층이 부풀어 있다. 껍질의 표면은 녹갈색을 띠고 아가미의 내면은 진주광택이 난다. 자웅이체로 5~8월에 암컷이 알을 수중에 산란하면 수컷이 방정하여 수중에서 수정되고 바위에서 살며 주로 밤에 활동하고 갈조류를 먹는다.

(2) 성분 및 효능

단백질 함량이 생선 이상으로 높고, 콜라겐 등의 경단백질이 많아서 살이 단단하고 먹을 때의 느낌이나 풍미가 좋아 기호도가 높은 식품으로 겨울에서 봄까지가 맛이 좋다.

(3) 선택 및 저장법

살아있는 것은 껍질에서 살을 빼내기가 어렵기 때문에 살짝 찌면 쉽게 빼낼 수 있다. 회, 구 이, 초무침, 통조림 등으로 많이 이용된다.

4) 재첩(marsh clam)

(1) 원산지 및 특징

재첩은 재치, 가막조개라고도 하는데, 낙동강 하류에 주로 서식하며 모래에서 자란 것은 황색, 모래진흙에서 자란 것은 담흑색을 띤다. 껍질은 짙은 검은색을 띠며 강한 광택이 있고 성장맥이 뚜렷하다. 사는 장소에 따라서 색이 다르다.

(2) 성분 및 효능

여름과 한겨울에 많이 나며 비타민 B_{12}와 칼슘이 많고 특히 질 좋은 단백질을 함유하고 있다.

해감을 시킬 때는 몇 시간 동안 소금물에 담가서 모래와 흙을 토하게 한 다음 깨끗이 씻어 사용한다.

(3) 선택 및 저장법

껍질째 삶은 재첩국 으로 널리 이용되고 있으며 찌개나 된장국에도 이용된다.

크기가 고르며 껍질에 윤기가 나면서 깨지지 않고 냄새가 나지 않은 것을 선택한다.

5) 대합(hard clam)

대합은 백합과에 속하며 우리나라, 타이완, 필리핀 등에 분포하고 있다. 길이가 10cm, 높이 7cm, 너비 4cm인 큰 조개이다. 껍질이 두껍고 표면은 매끄러우며 광택이 나고 조개 내면은 백색이지만 껍질은 백색, 회색, 흑색 등이 있다. 여름이 산란기이고 가을부터 봄까지 식용할 수 있는데 3~5월에 가장 맛이 있다.

대합은 단백질과 비타민의 함량은 낮지만 글리신, 알라닌, 글루타민산 등 맛을 내는 아미노산이 많아서 맛이 진하고 칼슘, 인, 철 등이 풍부하다. 초밥, 전골, 찌개, 조림, 탕 등으로 이용된다.

6) 굴(oyster)

(1) 원산지 및 특징

우리나라에서는 서해 연안에서 특히 많이 나는데 시장에 유통되고 있는 것은 대부분이 양식이다. 아메리카, 포르투갈, 호주, 인도 연안, 일본, 영국, 프랑스에 분포하고 있으며 가을에서 겨울에 영양이 가장 풍부하고 맛이 좋으며, 글리코겐이 다량 함유되어 있어서 바다의 우유라 할 정도로 영양이 풍부하다.

(2) 성분 및 효능

철(Fe) 외에 흡수가 좋은 구리(Cu)도 함유되어 있기 때문에 빈혈에 좋으며 칼슘(Ca)과 인(P)도 많다. 타우린이 많아서 혈장 중의 콜레스테롤을 내리거나 혈압저하 작용에도 도움이 되고 있으며, 그 외에도 비타민 A · B_1 · B_2 등이 풍부하고 소화도 잘 된다.

(3) 선택 및 저장법

굴은 세균이 번식하기 쉬운 단점이 있으며 굴회, 어리굴젓, 굴튀김, 굴 국 등 여러 가지로 이용되고 있다.

7) 전복(ear shell)

(1) 원산지 및 특징

전복류는 전 세계적으로 100여종 정도 알려져 있다. 전복과에 속하는 것으로 우리나라 전 연안에 분포되어 있으며 껍질은 약 10cm 이상으로 크고 울퉁불퉁하며 물결무늬가 있다. 우리나라에 있는 전복의 종류는 까막전복, 말전복과 오분자기 등이 있다. 해수가 깨끗하여 해조가 많이 번식하는 곳에서 살며 늦가을에서 초겨울까지 산란하여 수정한다. 전복은 살아 있는 채로 유통되거나 냉장상태로 유통되고 있다.

(2) 성분 및 효능

소라와 마찬가지로 단백질 함량이 생선 이상으로 많이 함유되어 있고 류신(leucine), 아르기닌(arginine), 글루타민산(glutamic acid) 등도 많아서 특유한 맛을 낸다.

(3) 선택 및 저장법

전복의 내장에는 먹은 후 햇볕에 닿으면 독화하는 클로로필 유도체가 함유되어 있어서 먹지 않는 것이 좋다. 회나 죽으로, 말려서 이용하기도 한다.

8) 꼬막(rock cockle)

꼬막은 껍질의 길이는 약 5cm, 높이 4cm, 너비는 3.5cm이며 모양은 방형에 가깝고, 양쪽 껍질의 크기가 같으며 껍질에는 17∼18줄 정도의 굵은 방사근이 있으며, 껍질 안쪽은 흰색이고 살은 붉은색이다. 진흙 갯벌에 서식하며 7∼10월이 산란기이다.

건제품은 수출도 하고 있으며 우리나라와 일본 등에 분포하고 있다.

4 갑각류

아가미가 있고 물로 호흡하는 무척추 동물이다. 몸은 머리, 가슴, 배로 나뉘고 마디로 되어 있으며 외골격을 갖춘 종의 갑각에는 탄산칼슘이 들어 있어 단단하다.

1) 게(crab)

(1) 원산지 및 특징

전 세계에 4,500여 종이 분포하며, 우리나라에는 183종이 서식하고 있다. 남해와 서해는 꽃게, 방게, 민꽃게 등이 많이 잡히고, 동해안은 털게와 대게가, 제주도는 홍색민꽃게가 많이 잡힌다. 대부분 바다산인데, 동남참게나 붉은발말똥게처럼 바다에서 유생기기를 보낸 뒤 어느 정도 자라면 강어귀나 육지의 습지로 올라와 사는 종도 있다. 수심 4,000m의 깊은 바다에 살거나 남북극해 부근에서 사는 종도 있지만 대개는 육지와 가까운 곳에 많이 산다. 보통 단독생활을 하지만 멍게, 해삼 등에 기생하는 것도 있다.

게의 등딱지는 머리가슴부를 싸고 있는데, 대개 위아래로 납작하고 넓다. 형태는 여러 가지이며, 크기는 대부분 수컷이 암컷보다 크지만, 수컷이 작은 것도 있다. 배의 너비는 수컷은 좁고 암컷은 넓다. 이것은 등딱지의 배쪽면을 넓게 싸서 알을 보호하기 위해서이다.

위험에 처하면 다리를 스스로 자르므로 상품가치로 인해 운송 중에는 끈으로 다리를 묶어 놓는다. 배에게 껍질이 둥근 것은 암컷, 뾰족한 것은 수컷이다.

한국의 해역은 삼면의 해류와 수온, 수심 등이 달라 서식하는 게의 종류도 각각 다르다. 경제성을 갖춘 수산자원으로서 동해는 털게와 대게, 남해와 황해는 꽃게, 민꽃게, 두점박이민꽃게, 칠게, 방게, 제주도 해역은 홍색민꽃게가 많이 잡힌다.

(2) 성분 및 특징

단백질이 풍부하고, 칼슘, 철, 아연, 타우린, 비타민 E와 니아신도 풍부하다. 게 특유의 맛은 페타인, 포말린 등의 엑스분에 의한 것이다. 탕, 찜, 간장게장, 양념게장 등으로 조리한다.

게는 단백질이 풍부하고 지방이 적어 담백하므로 맛이 좋아 오래전부터 식용으로 각광받아 왔다. 옛 문헌 <규합총서>에는 게의 보관법, 게장 담그는 법, 게 굽는 법, 게찜 만드는 접 등이 소개되어 있고, 게의 금식에 관한 주의사항도 적혀 있다.

(3) 선택 및 저장법

4~6월경 그믐 때 것이 맛이 좋다. 5~6월과 7~8월에 거쳐 2회 산란을 하며, 이때 상품가치가 높다.

(4) 대표적 게의 종류와 특징

① 대게

몸통에서 뻗어나가 다리가 대나무처럼 생겨서 '대게'라고 부르고, 다리가 10개이다. 비타민 E, 칼슘, 아연이 풍부하다. 2월에 산란을 한다. 살아있을 때 황갈색이지만 삶으면 붉은 색이 된다. 찜, 전골 등으로 좋다.

② 왕게

수명은 30년이며, 다리가 8개이다. 당질이 많아 단맛이 난다. 비타민 E와 니아신, 칼슘, 아연이 풍부하다.

국내 유통되는 것은 모두 러시아산이다. 찜, 전골, 탕 등으로 조리하며, 통조림용으로 이용한다.

③ 참게

게장으로 많이 이용하며 날로 먹을 경우 간디스토마를 유의해야 한다. 비타민 A, B_2, 니아신, 칼슘과 철이 풍부하다. 11~12월에 알을 낳는다. 참게찜, 참게젓, 구이 등으로 좋다.

④ 털게

다리에 날카로운 돌기와 짧은 털이 있다. 등딱지의 석회화가 충분하지 않아서 부드러워 먹기 좋고 가식부도 많다. 비타민 E, 니아신, 칼슘, 아연이 풍부하다. 털게장, 털게찜, 털게탕 등으로 좋다.

2) 바닷가재(lobster)

갑각상 십각목의 가시발새우과, 닭새우과, 매미새우과, 풀리켈리다이과에 속하는 새우류이다. 5쌍의 다리와 2쌍의 긴 촉각이 있다. 양 집게다리는 길이가 몸길이와 비슷하다. 꼬리는 물갈퀴 모양으로 뒤쪽에 지느러미처럼 펼쳐져있다. 몸빛깔은 보통 점무늬가 있는 짙은 초록색이거나 짙은 파란색인데, 불에 익히면 선명한 붉은색이 된다.

흔히 미국 바닷가재라고 불리는 가시발새우과의 종(Homarus americanus)은 길이가 30~60cm, 무게가 0.5~1Kg에 이르고, 유럽산은 대체로 이보다 작다. 몸통은 19마디인데 머리가 5마디이고 가슴이 8마디, 배가 6마디이다. 가슴갑각 아래에 있는 아가미로 호흡을 한다.

머리에는 2쌍의 촉각이 있다. 눈은 겹눈으로 1쌍의 눈자루 위에 있으며, 촉각과 눈자루를 움직여 먹이를 찾거나 적을 경계한다. 관절이 있는 다리 5쌍 가운데 4쌍은 걷는 다리이고, 나머지 1쌍이 집게다리이다. 집게다리는 대게 한쪽이 크고 다른 한쪽은 작다. 먹이를 찢거나 으깨는 역할을 하는데. 크기는 조금씩 다르다.

육지와 가까운 바다 밑에 산다. 낮에는 굴속이나 바위 밑에 숨어 지내다가 밤아 되면 나와 활동을 한다. 게나 고둥, 작은 물고기, 다른 바다가재 따위를 잡아먹는다. 보통 2년에 한 번 알을 낳는데, 한 번에 5천~10만 개 이상의 알을 낳는다.

암컷은 알을 알껍데기 안에 담아 11~12개월 동안 꼬리에 품고 다니다가, 알이 부화할 때가 되면 새끼들을 알껍데기 밖으로 흔들어 떨어뜨린다. 갓 태어난 새끼는 길이가 약 8mm 정도이다. 새끼는 부화한 뒤 2일 만에 갑각을 벗고 한 달 사이에 3번 더 탈피를 한다. 수명은 약 15년이나 일부 종들은 50년 이상 사는 경우도 있다. 가시발새우과와 닭새우과의 일부 종은 중요한 수산자원이다.

3) 새우(prawn)

십각목 장미아목에 속하는 절지동물의 총칭이다. 새우류는 담수, 기수, 바닷물에 모두 분포하지만, 담수에 사는 것은 징거미새우과, 새뱅이과, 가재과 등 종수가 적고 대부분 바닷물에 산다. 열대, 온대, 한대 해역의 조간대에서 심해에 걸쳐 분포하며 한대 수역보다는 열대 수역에, 심해보다는 얕은 바다에 더 많다.

새우류는 무리를 지어 사는 습성이 있다. 서식장소로는 연안을 비롯해 대륙붕의 유기물질이 많은 모래나 진흙바닥, 연해의 해조가 많은 곳 또는 강어귀가 꼽힌다. 연안의 암초지대나 산호초에 사는 종에는 아름답고 정교한 무늬를 지는 것이 많고 깊은 바다에 사는 종에는 빨강이나 오렌지색 등 화려한 색을 띠는 것이 많다.

생활방식은 대부분은 무리생활을 하나 종에 따라 멍게 또는 조개류와 공생하는 것도 있다. 흔히 야행성이며 먹이도 밤에 찾는 경우가 많은데, 식성은 잡식성이다. 이동할 때는 보통 앞으로 움직이지만 위급할 때는 배를 굽혔다 폈다 하면서 재빨리 뒤로 물러나기도 한다. 계절에 따라 외유하는 종도 있으며 종에 따라 밤에는 위쪽으로 올라가고 낮에는 아래쪽으로 수직이동을 하는 것도 있다.

새우류에는 식용으로 쓰이는 종이 많고 동물 사료나 낚시 미끼로도 쓰인다. 한국 연해와 담수에는 약 80여 종이 분포하는데, 이 가운데 경제성이 높은 것으로는 동해의 도화새우, 북쪽의 분홍새우, 진흙새우, 남해의 보리새우, 꽃새우, 자주새우, 황해의 대하, 중하, 중국젓새우, 밀새우, 제주도 근해의 닭새우, 펄닭새우 등이 있다. 세계적으로는 닭새우과와 가시발새우과의 바닷가재가 상업적으로 중요하다.

양식은 일부 종에 한해서 이루어지고 있는데, 특히 보리새우는 인공부화에서 성체양식에 이르기까지 완전히 관리할 수 있어 한국에서도 기업화되고 있다. 열대지방에서는 담수산 징거미새우류와 같이 몸이 큰 것을 기업적으로 양식하고 있다. 우리나라에는 보리새우, 참새우, 젓새우, 민물새우 등이 있다.

대표적인 새우의 종류와 특징은 아래와 같다.

(1) 닭새우

크기는 25cm 정도로 냄새가 없고 맛이 담백하나 가식부가 적다. 비타민 E, 니아신이 풍부하다.

산란기는 6～8월이며 가을～겨울이 제철이다. 고급새우로 취급받으며, 소금구이, 회로 먹는다.

(2) 대하

크기는 20～30cm 정도로 자연산과 양식은 수렴의 길이로 구별한다. 일반적으로 자연산은 양식에 비하여 수염의 길이가 2배 정도 더 길다. 글리신, 타우린, 알라닌, 아르기닌, 베타민 등의 아미노산과 비타민 E, 니아신이 품부하다. 껍질과 꼬리에는 항암효능이 있는 키틴물질이 다량 함유되어 있다. 5～6월에 산란하고, 자연 사망한다. 9월～다음해 1월이 제철로 가을과 겨울이 가장 맛이 좋다. 구이, 튀김 등에 이용된다.

(3) 보리새우

크기는 20cm 내외로 글리신, 아르기닌 및 타우린의 함량이 높아 단맛이 나며 비타민 E와 니아신이 풍부하다.

수명은 1년 정도로 단기간에 성장한다. 7～8월에 산란하며 봄에서 여름에 어획되나 늦은 가을에 살이 많다.

회, 초밥, 소금구이, 튀김 등에 이용된다.

(4) 부채새우

크기는 15cm 내외로 몸 색깔은 살아있을 때는 붉은 연분홍색이나 죽은 후에는 갈색으로 변한다.

10월에 산란을 하며 주로 삶아서 먹는다.

(5) 분홍새우

17～20cm의 크기로 어린 것은 모두 수컷이고, 크면서 암컷으로 성전환한다. 단맛이 있고 껍질이 쉽게 벗겨져 식용으로 적당한데 특히 비타민 E가 풍부하여

노화방지에 효과가 있다. 수명은 4년으로 성장이 빠르다.

냉동품으로 수입되는 것은 초밥용으로 이용된다.

(6) 젓새우

크기는 2~3cm 정도로 비교적 작은편이며 몸이 분홍색이나 흰색을 띤다. 암컷이 수컷보다 크다.

보통 6~10월에 산란하며 젓갈을 담그는데 이용된다.

(7) 크레이피시(Crayfish)

함북, 함남, 평북, 울릉도, 제주를 제외한 한국, 중국 동북부에 분포하며 1급수의 오렴되지 않은 계류나 냇물에서만 산다. 간에 열을 내이며 눈을 밝게 하는 기능이 있고 침을 잘 흘리는 아이에게 좋다. 하지만 디스토마의 중간숙주 역할을 하기 때문에 찌거나 튀겨먹는 방법을 선호한다.

5 연체류

연체류는 몸이 부드러우며 제철이 없고 머리, 몸통, 발의 3부분으로 되어 있다.

1) 오징어(cuttlefish)

오징어류는 모두 바다에서 살며 연안에서 심해까지 살고 있다. 천해에 사는 종류는 근육질로 피부의 색소세포가 잘 발달되어 있어 몸 빛깔을 변화시키는 능력이 있으나, 심해에 사는 종류는 몸이 유연하고 발광하는 것이 적지 않다. 오징어류는 식용을 하며 갑오징어, 무늬오징어, 반디오징어, 쇠오징어, 화살오징어, 창오징어, 흰오징어 등은 특히 수산업에서 중요한 종류이다. 날것으로도 먹지만 마른오징어 등으로 가공하기도 한다.

가장 작은 오징어는 꼬마오징어로 몸길이가 겨우 2.5cm이고, 가장 큰 오징어는 대왕오징어의 일종인 대양대왕오징어로 대서양에 살며 촉완을 포함하여

15.2m에 이르는 것이 있다. 오징어류는 육식성으로 작은 물고기, 새우, 게 등을 먹으며, 한편 대형어류, 바다거북류, 해수류 등의 먹이가 된다.

(1) 원산지 및 특징

전 세계의 오징어 500여 종 중 식용하는 것은 15~20종 정도로 살오징어, 화살오징어, 날개오징어, 귀꼴뚜기, 한치, 갑오징어 등이 있다. 이중 살오징어의 어획량이 가장 높다. 오징어는 수심 100m 정도의 깊은 바다에 살지만 밤이 되면 수면 가까이 떠오르고 불빛을 좋아한다. 오징어의 표피는 4개 층으로 되어 있으며 1층과 2층 사이에 색소세포가 존재하여 몸의 빛깔을 바꾸는 역할을 한다. 가을과 겨울이 제철이며 수명은 1년 정도이다. 7~11월에 많이 잡히며 가을에 가장 맛있다.

정약전의 <자산어보>에 '오징어가 죽은 것처럼 물에 떠 있다가 까마귀가 잡아먹으려고 내려오면 발로 감아 물속으로 끌고 가서 도리어 잡아먹는다'고 하였다. 즉, '까마귀를 해치는 도적'이라는 뜻의 '오적어'에서 오징어라는 말이 유래되었다.

(2) 성분 및 효능

오징어는 95kcal/100g으로 저열량 식품이며, 지질은 1.3% 수준이다. 오징어에는 함황아미노산인 메티오닌, 시스테인 및 타우린이 풍부하다. 오징어를 말릴 때 생기는 하얀 분은 타우린, 글루탐산, 베타인 등의 기능성 성분이다. 오징어는 콜레스테롤함량이 높아 고지혈증인 사람들이 꺼리는데 이는 잘못된 사실이다. 오징어의 콜레스테롤은 HDL-콜레스테롤과 결합하여 혈관에 적게 침착하며, LDL-콜레스테롤을 용해시켜서 배설시킨다. 또한 오징어에 풍부한 타우린은 콜레스테롤의 혈관 내 침착을 억제하며, 인슐린의 분비를 도와 당뇨를 예방한다.

화살오징어는 오징어보다 수분함량이 높고 연하며, 다리길이가 1치 밖에 안 되어 붙여진 이름인 '한치'로 알려져 있다.

(3) 선택 및 저장법

살이 두껍고 투명하면서 탄력이 있는 것, 크면서 붉은빛을 띠는 것, 살이 처지지 않은 것이 싱싱한 것이고, 냉동된 것은 완전히 녹지 않은 것을 택하고 축 늘어지고 색깔이 허옇게 변한 것은 피한다. 회, 구이, 조림, 포, 순대 등으로 이용한다.

2) 갑오징어(edible cuttle fish)

(1) 원산지 및 특징

몸 안에 길고 납작한 뼈 조식을 가지고 있다. 오징어류 중 가장 맛이 좋나고 한다. 몸통은 원통형이며 몸길이 17cm, 너비 9cm 정도이다. 몸통 양쪽에 전체 가장자리에 걸쳐 지느러미가 있다. 10개의 다리 중 8개는 약 10cm 정도이고 나머지 2개는 먹이를 잡을 때 사용하며 촉완의 길이는 약 20cm이며 네 줄의 빨판이 있다. 등면에는 외투에 싸여 있는 석회질의 뼈(갑, 甲)가 있다. 뼈의 내부는 얇고 납작한 공기방으로 이루어져 있어 부력을 조절하는데 쓰인다. 살이 있을 때 수컷은 등면에 물결 모양의 암갈색 가로무늬가 뚜렷하게 있으나, 암컷은 이렇다 할 무늬가 없다. 배면은 암수가 모두 연한 갈색이다.

(2) 성분 및 효능

지방은 적고 단백질은 많은 건강식품으로 쫄깃하고 담백한 맛이 일품이다. 각종혈관계 질환을 예방하는 고밀도 콜레스테롤이 많이 들어 있다. 피로해소에 좋다고 알려진 타우린과 여러 가지 무기질이 많이 들어 있다. 오징어의 살은 기력을 증진시키며 정신력을 강하게 한다. 뼈는 위산 중화기능이 있으며, 해표초라 하여 가루를 내어 지혈제로도 이용한다.

(3) 선택 및 저장법

회나 포를 많이 이용하며 무침, 볶음, 튀김, 전, 구이 등 거의 모든 요리의 재료로 활용 가능하다.

3) 쭈꾸미(octapus ocellatus)

(1) 원산지 및 특징

팔완목 문어과의 연체동물이다. 낙지와 비슷하게 생겼으나 크기가 더 작다. 알이 차있는 봄이 제철이다.

몸통에 8개의 팔이 달려 있는 것은 낙지와 비슷하나, 크기가 70cm 정도 되는 낙지에 견줘 몸길이는 약 20cm로 작은 편에 속한다. 한 팔이 긴 낙지와 달리, 8개의 팔은 거의 같은 길이이며 몸통부의 약 두 배 정도에 달한다. 몸통을 둘러싸고 있는 외투막은 달걀처럼 한쪽이 갸름하다. 눈과 눈 사이에 긴 사각형의 무늬가 있고 눈의 아래 양쪽에 바퀴 모양의 동그란 무늬가 있으며 모두 금색이다. 몸 빛깔은 변화가 많으나 대체로 자회색이다. 수심 10m 정도 연안의 바위틈에 서식하며 주로 밤에 활동한다. 산란기는 5~6월이며, 바다 밑의 오목한 틈이 있는 곳에 포도모야의 알을 낳는다. 알은 긴 지름이 1cm 정도로 큰 편이다. 봄이 되어 수온이 올라가면 먹이가 되는 새우가 많아지기 때문에 서해 연안으로 몰려든다.

산란기를 앞두고 알이 꽉 들어찬 것은 특히 맛이 좋기 때문에 3~4월이 제철이다. 가을에도 잡히지만 알이 없기 때문에 맛이 떨어진다.

(2) 성분 및 효능

지질은 거의 없으나 EPA와 DHA가 지방산 100g당 각각 7.5mg과 13.3mg으로 풍부하다. 유리아미노산을 히스티딘, 타우린, 알기닌, 프롤린, 글리신이 많으나 그중 타우린이 아주 많다.

낙지의 대용으로 고추장 양념을 하여 굽거나 데쳐서 먹고, 볶음, 전골, 찌개 등에 이용되며, 비린내가 나지 않는다. 주꾸미는 살짝만 열을 가해도 바로 오그라들기 때문에 단시간에 데쳐야 질겨지지 않는다. 조리할 때는 머리를 뒤집어 먹통과 내장을 제거하고, 굵은 소금으로 주물러 거품과 까만 먹물이 나오지 않을 때까지 씻는다.

(3) 선택 및 저장법

살아 있어 싱싱한 것은 회로도 먹으며, 고추장으로 양념하여 구워먹거나 끓는 물에 데쳐서 먹는다. 볶음이나 전골로도 활용가능 하다.

4) 꼴뚜기(beca squid)

우리나라의 전 연안과 동남아시아 및 유럽에 분포하며, 연안에 서식한다. 오징어류 중 작은 것을 꼴뚜기라 하며, 참오징어의 새끼를 부르기도 한다. 몸길이는 7cm 수준으로 몸체가 부드럽고 뼈가 얇고, 투명하며 각질로 되어 있다. 주로 4~5월의 봄철에 산란한다. 크기가 작아 주로 젓갈로 만들어 먹고, 말려서 조리거나 볶아 먹기도 한다. 수심이 약 100m 이내인 얕은 곳에서 주로 봄철에 산란한다. 알의 수명은 1년이며 연안에 많이 서식하고, 이동을 많이 하지 않아 유영능력이 떨어진다. 그래서 근육이 덜 발달되어 있고 오징어보다 훨씬 연하고 부느럽다. 꼴뚜기는 주로 젓갈로 만들기도 한다.

5) 문어(giant octopus)

(1) 원산지 및 특징

남해, 일본의 남쪽, 아메리카 북서쪽에 분포하고, 연안에서 서해까지 서식한다. 서양에서는 'devil fish'라 부르고 거의 먹지 않는다. 길이는 3m정도이며, 몸통에 비하여 다리가 4~5배 정도 더 길다. 다리는 8개로 자신의 다리는 잘라먹는 습관이 있으나 곧 자란다. 4~6월에 산란하며, 12월~이듬해 1월이 제철이다.

주 소비국은 일본으로, 세계의 총 어획고의 2/3에 맞는 약 14만 톤을 소비하고 있고, 그 다음이 우리나라를 비롯한 동남아국가들이다. 문어는 무척추동물 중 가장 복잡한 뇌를 가졌다. 장기 기억과 단기 기억을 가지고 있으며, 시행착오를 통해 문제해결을 익힌다. 한 번 어떤 문제를 해결하면 기억을 하여 비슷한 문제가 생겼을 경우 쉽게 해결한다. 문어는 때때로 주변과 비슷한 색으로 변하거나 기분에 따라 색깔이 변하는데, 흰색은 공포, 붉은색은 화가 났을 때의 색깔이다.

(2) 성분 및 효능

고단백, 저열량, 저지방식품으로 담백한 맛을 내며, 수분이 많고 살이 부드럽다. 문어의 단맛은 타우린, 글리신, 베타인 등이다. 또한 비타민 E, 니아신, 아연과 구리가 풍부하다. 예로부터 혈압이 높거나 심장병이 있으면 문어를 푹 고아 먹었다.

(3) 선택 및 저장법

문어는 고온에서 가열하면 육질이 단단해지고, 껍질이 흐물거린다. 문어를 부드럽게 삶기 위해서는 약한 불에 오래 삶아야 한다. 반대로 오징어는 끓는 물에 2~3분간 살짝 데치면 충분하다.

회, 튀김, 조림, 볶음, 숙회, 조림 및 훈제로 이용된다. 우리나라에서는 관혼상제 상차림에 꼭 쓰이는 해산물이다.

6) 낙지(octopou variabilis)

(1) 원산지 및 특징

연안의 조간대에서 심해까지 분포하지만 얕은 바다의 돌 틈이나 진흙 속에 굴을 파고 산다. 바위틈이나 진흙에 판 굴 속에 있다가 팔을 밖으로 내어 먹이를 잡아먹는다. 간의 뒤쪽에는 먹물주머니가 있어 쫓기거나 위급할 때 먹물을 내어 주위를 물들임으로써 자신을 적으로부터 보호한다. 산란기는 5~6월이며 팔 안쪽에 알을 낳는다. 한국(남해에서 서해까지 널리 분포), 일본, 중국 등지에 분포한다. 다리가 가는 '세발낙지'는 목포지역에서는 '꽃낙지'라 하며, 여름철 미각을 돋우는 기호식품이다. 시장에서 유통되는 낙지의 70% 이상은 아프리카 북서해안에서 어획되는 수입품이다.

(2) 성분 및 효능

타우린이 풍부하며, 칼슘과 철도 풍부하다. 유리아미노산 중에서 히스티딘, 아르기닌, 프롤린, 글리신이 많다. 살이 통통하고, 윤기가 돌며, 껍질이 제대로 붙어 있어야 싱싱한 것이고, 중간 정도의 크기가 맛이 좋다.

회로 사용하거나 낙지숙회, 구이, 볶음, 전골, 매운탕 등으로 조리한다. 낙지머리에 들어 있는 먹물을 통째로 구우면 풍미를 맛볼 수 있다.

6 해조류

1) 함초(glasswort)

(1) 원산지 및 특징

염습지, 간척지, (폐)염전에 생육하는 한해살이풀이다. 많은 양의 염분을 잎에 축적하고 있다. 염분에 대한 내성이 강하나 침수나 다른 종들과의 경쟁에서는 약하다. 폐염전이나 간척지에서 개척종으로 군락을 형성하다가 다른 경쟁종에 의해 사라진다. 우리나라 강화도에서 부산 낙동강하구까지 국지적으로 분포하고 있다.

5월부터 시작해 여름까지 우리나라 서해안과 남해안 해안지대의 갯벌과 염전 주변에서 자란다. 함초는 봄에 싹이 터 여름내내 진녹색으로 성장하다 8~9월에 흰꽃을 피우고 빨간색으로 변하며 열매를 맺는다.

함초는 명아주과 Chenopoduaceae에 속하며 우리밀로는 '퉁퉁마디'라고 하며 학명은 'Saliconia herbacea L.'라고 한다. 높이는 10~40cm로 줄기는 마디가 많고 가지는 2~3번 갈라져서 마주 보는데, 가지는 다육질로 비대하고 진한 녹색이며, 6~8월에 가지 끝에 녹색으로 보일 듯 말 듯 꽃이 핀다. 10월에 납작하고 까만 열매가 맺히며 가을이 되면 함초 전체가 붉은 홍자색으로 변한다.

(2) 성분 및 효능

염생식물인 함초는 고염습 지역에서 생육이 가능하고 염류를 흡수하여 체내에 저장하는 능력을 가지고 있을 뿐만 아니라 Mg, Ca, Fe 그리고 K 등의 천연 미네랄을 다량 함유하는 식물로 알려져 예로부터 민간요법에 많이 이용되었던 자원식물이므로, 식용 재배 및 기능성 식품으로서 활용 가능성을 충분히 가지고 있다. 함초는 우리나라에서 대중에게 널리 알려지거나 식용하고 있는 식물은 아니지만 유럽에서는 어린 줄기를 샐러드로 만들어 먹기도 하고 일본에서는 천연기념물로 지정되기도 하였다.

생함초는 짜면서도 뒷맛이 달아 함초나물로 좋다. 부작용이 없어 어떤 음식과도 융합이 잘되는 식품이며 식품의 주원료로 다양한 식품들이 개발되고 있다.

(3) 선택 및 저장법

마디가 많고 가지가 통통하고 진녹색인 것이 좋다.

2) 감태(sea trumpet)

✣그림 8-1 감태

(1) 원산지 및 특징

해조류를 구성하는 중요한 조류식물이며 주로 전복과 소라 등의 먹이가 된다. 알긴산이나 요오드·칼륨을 만드는 주요 원료가 되고, 채취하여 식용으로 이용되기도 한다. 우리나라는 경남 사천, 전남 완도, 장흥, 무안, 신안, 남해안과 제주도 일대에 분포한다.

전 세계적으로 감태 속 해조류는 10여 종이 분포하는 것으로 알려져 있으며, 감태, 검둥감태 및 곰피 등 세 종이 분포한다.

(2) 성분 및 효능

감태는 다년생 해조류로 바다숲 조성의 대상이나 전복의 먹이원으로도 사용이 가능하다. 또한 감태에서 추출되는 폴리페놀은 항산화, 항염증 및 진정 작용이 탁월한 것으로 알려져 음료, 화장품, 건강식품 등에도 폭넓게 이용되고 있다.

또한 후코이단과 플로로탄닌 성분을 함유하고 있으며, 이 성분들은 항산화효과, 항암효과, 항염효과, 노화억제효과 및 고혈압 억제효과 등에 우수한 것으로 알려져 있다.

잼, 스프, 과자 가공품에 첨가물로 이용된다.

MEMO

CHAPTER

09

해조류

해조류를 바닷말이라고도 하며 클로로필을 가지고 있는 바다에 사는 조류를 말한다. 해조류는 바다 얕은 곳에서 서식하는 위치에 따라 녹조류, 갈조류, 홍조류로 나눈다.

Chapter 09 해조류

해조류를 바닷말이라고도 하며 클로로필을 가지고 있는 바다에 사는 조류를 말한다.

해조류는 전 세계적으로 우리나라, 타이완, 일본 등지에서 가장 많이 식용되고 있으며 우리나라에 서식하고 있는 종류는 500여 종이며 이중에서 식용으로 사용하는 것은 50여 종이다.

해조류는 바다 얕은 곳에서 서식하는 위치에 따라 녹조류, 갈조류, 홍조류로 나눈다.

녹조류는 녹색을 가지고 있으며 청각, 파래, 클로렐라 등이 있고, 갈조류는 다시마 미역, 톳이 있으며, 홍조류는 우뭇가사리, 김 등이 있다.

일반적으로 해조류는 단백질과 지방의 함량이 낮고 탄수화물 소화율도 낮아 영양적인 가치는 적지만 칼륨, 요오드, 칼슘 등 각종 무기염류와 비타민 A와 C 함량이 높고 혈액속의 콜레스테롤 함량을 낮추어 혈압을 조절한다. 또한 미역 다시마 등 갈조류에는 알긴산(alginic acid)이 많이 함유되어 있는데, 고분자 복합다당류인 알긴산(alginic acid)은 세포막을 구성하는 주요성분으로 혈압조절, 변비예방 및 치료, 각종 소화기계 질병의 예방 및 치료에 효과적이다. 또한 해조류는 다이어트 식품으로 이용되고 있으며, 무기질과 수용성 식이섬유 등이 많아 스트레스를 해소하고 인스턴트식품과 가공식품의 과다 섭취로 산성화되기 쉬운 우리 몸의 피를 맑게 하고 체액을 알칼리로 유지해 주는 데 효과가 있다.

우리나라 국민 1인당 연간 5kg 정도 해조류 섭취를 한다고 한다.

✣ 표 9-1 해조류 분류

분 류	종류
녹조류	파래, 청각, 매생이
갈조류	톳, 미역, 다시마, 모자반, 감태, 곰피
홍조류	김, 우뭇가사리

1 김(laver)

1) 원산지 및 특징

김은 홍조류에 속하며 해태라고도 하는데 알래스카만에서 캘리포니아주까지 북동부에서 서식하고 있으며 우리나라는 주로 서남해안에 서식한다. 주산지는 진도, 완도, 하동, 김해, 부안, 고흥지역이다. 오래 전부터 김은 우리 식생활과 깊은 관계가 있으며 바다의 암초에 이끼처럼 붙어산다. 몸 길이는 14∼25cm, 너비는 5∼12cm이며 색깔은 자주색 또는 붉은 자주 색을 띠고 있다. 우리나라 연안에는 10월경에 나타나기 시작하여 겨울에서 봄에 걸쳐 번식하고 그 후 차차 줄어 여름에는 거의 보이지 않고 있다. 김의 종류는 전 세계적으로 약 50여 종이 있으나 우리나라 남해에는 10여 종 정도 분포하고 있다.

김의 종류는 다음과 같다.

미역 김은 주로 서해안에 분포하고 긴 타원형이며, 참 김은 길쭉한 잎 모양을 하고 있고 양식으로 재배하고 있다. 둥근 김은 동 서해안에 널리 분포 되고 있으며 둥근 모양에 주름이 많이 겹쳐져 있다. 긴 잎 돌김은 주로 동해안에 분포하고 긴 타원형 모양을 하고 있다.

2) 성분 및 효능

김은 단백질과 탄수화물인 한천, 필수아미노산이 많으며 또한 마그네슘, 인, 아연, 철분, 요오드 등 무기질이 많은 알칼리성 식품이다. 비타민 A · B_1 · B_2 · C · D · E 등의 함량도 많은 편이다. 특히 비타민 B_2는 다른 식물성식품에 비해 월등히 많아 어류나 육류에 들어 있는 양과 비슷하다.

김을 맛있게 하는 성분은 글루타민 산, 알라닌, 글리신, 타우린 등이다. 피코에리트린이라는 색소가 특유의 색을 내며 다이메틸설파이드에 의해 독특한 향기를 갖는다.

김의 효능은 꾸준히 먹으면 피부와 머리카락이 곱게 되고 칼로리가 거의 없어 미용식으로 좋으며 항암효과와 고혈압 예방효과가 있다. 김은 주로 말라서 많이 이용하는데 제품 품질이 좋을수록 단백질, 비타민, 인, 마그네슘, 아연 등의 영양성분과 맛 성분인 글루타민산이나 알라닌도 많다. 김구이, 맛김, 김부각 등으로 이용된다.

3) 선택 및 저장법

푸른빛을 띠고 흑색으로 광택이 있으며 향기가 진하고 감촉이 좋은 것을 고른다. 불에 구웠을 때 청록색으로 변하는 것이 좋으며 파래가 섞이지 않고 두껍지 않으며 두께가 고른 것이 좋다.

2 미역(sea mustard)

1) 원산지 및 특징

미역은 갈조류에 속하며 1년생 조류이다. 태평양 연안 중남부와 우리나라 전역에 분포하고 있으며 해수면이 낮은 5미터 정도의 깊이에서 생산된다. 채색은 곤갈색 또는 녹갈색이고 뿌리, 줄기, 잎의 구분이 뚜렷하다. 몸길이는 1~2m, 폭은 50cm 정도이며 바위에 붙어산다.

미역은 양식과 자연산으로 생산되며 양식은 생미역으로 자연산은 말려서 많이 사용한다. 미역은 뿌리, 줄기, 잎 형태가 뚜렷하고 엽상채 식물이다. 우리나라, 중국, 일본 등에서 식용으로 사용되고 있다.

우리국민이 이용하는 해조류 중 가장 이용률이 높으며 1975년 이후에 미역 양식이 본격화되었다. 미역 양식 시기는 지역에 따라 차이가 있는데 보통 9월 말이나 10월 초에 시작하여 4~5월에 수확을 끝낸다.

2) 성분 및 효능

미역은 칼로리가 낮고 요오드, 철분 등 무기질이 풍부하다. 특히 칼슘은 분유와 맞먹을 정도로 풍부하며 무기질과 비타민의 급원으로서, 정장작용을 하는 섬유질 식품으로서 가치가 크다. 미역에 함유되어 있는 점액질인 알긴산은 중금속이 생체 내에 흡수되는 것을 억제하는 효과가 있을 뿐 아니라 공업적으로도 이용되며, 식품용으로는 안정제, 농후제, 산화, 부패방지 등에 사용되고 있다. 생미역을 염장 건조한 염장 미역은 풍미는 적지만 부드러워서 먹기가 좋다.

또한 미역은 소라, 전복의 수요먹이이며 특히, 미역국은 산후조리를 할 때 음식으로 많이 이용되고 있으며 이것은 미역이 산모의 체 내에 생긴 노폐물과 염분을 수분과 함께 배출시켜 부기를 내리게 하는 데 효과적이기 때문이다.

미역은 단백질이 20%, 당질 35%, 회분 25%이며 다른 식품보다 회분, 요오드 성분이 많은 식품이다

3) 선택 및 저장법

생미역은 물에 담갔을 때 너무 풀어지지 않는 것이 좋다. 색깔은 녹색에 가까운 자주색이 좋으며 말린 미역은 잎의 비중이 많고 검푸른 색에 줄기가 가늘고 광택이 있는 것이 좋다.

생미역 보관은 데쳐서 밀봉하여 냉장고에 보관하며 말린 미역은 직사광선을 피하고 습기가 없는 건조하고 차가운 곳에 두는 것이 좋다.

3 다시마(sea tangle)

1) 원산지

다시마는 한해성 식물로 태평양 연안에 20여 종이 생육하고 있다. 주요 종으로는 참 다시마, 오호츠크 다시마, 애기 다시마 등이 있으며 이중 주로 양식되고 있는 것은 참 다시마이다. 우리나라, 일본, 중국에서는 오래 전부터 식용으로 이용하여 왔으며 수요가 많아 현재 우리나라 전 연안에서 양식되고 있다. 황갈색 또는 흑갈색을 띠는 갈조류로 줄기, 잎, 뿌리의 구분이 뚜렷하고 잎은 띠 모양으로 길다. 다시마 품질은 채취시기에 의해 좌우되는데 7월 중순부터 9월 상순에 채취하는 것이 좋다. 초봄에 나는 다시마는 주로 날것으로, 봄부터 가을에는 엽상체를 채취하여 햇볕에 말려 주로 사용하고 있으며, 튀각이나 국물을 우려낼 때 이용되며 차로도 애용되고 있다.

2) 성분 및 효능

다시마는 종류에 따라 약간 성분의 차이는 있지만 수분 16%, 단백질 7%, 지방 1.5%, 탄수화물 49%, 무기염류가 26.5% 들어 있다. 탄수화물에 함유되어 있는 알긴산은 혈중 콜레스테롤과 혈압을 강하하는 작용을 하는 점질물이다. 공업용품이나 식품첨가물로도 이용되고 있다. 또 칼슘, 마그네슘, 칼륨 등의 알칼리 생성 원소가 풍부하고, 요오드 등이 많아 체내의 불필요한 염분 배출에 도움을 준다. 마른 다시마 표면의 흰 가루는 만니톨에 의한 것이며, 비타민 A, B_2 및 글루탐산 등의 아미노산도 들어 있어서 특유의 감칠맛 내는 역할을 한다. 무기염류의 공급을 위해 다시마를 조금씩 자주 먹는 것은 바람직하다.

3) 선택 및 저장법

검은색에 녹갈색 띤 것이 좋으며 한 장씩 반듯하게 겹쳐 말린 것을 선택한다. 두껍고 광택이 있고 표면에 흰 분이 고루 퍼져 있는 것을 고른다. 잔주름이 없는 것이 좋다.

4 파래(sea lettuce)

1) 원산지 및 특성

녹조류에 속하는 파래는 우리나라 남해안에 널리 분포하고 있으며 밀물이 흘러 들어오는 해안 근처의 바위 위에 붙여 서식한다. 늦가을에서 초여름까지 많이 볼 수 있으며 광합성 색소로서 몸은 녹색이고 광합성에 의해 전분을 저장한다. 녹조류 중에서 먹을 수 있는 대표적인 것이 파래이다. 종류는 약 15여 종이며 모두 먹을 수 있으며, 향기가 많고 맛이 독특하여 우리나라와 일본 등에서 즐겨 먹는다.

2) 성분 및 효능

파래는 단백질이 20~30%로 많지만 메티오틴, 라이신 등이 들어 있지 않아 영양가는 비교적 낮은 편이나 칼슘, 인, 철 등의 무기질이 10~15%, 비타민 C를 비롯한 비타민류가 500~1,000I.U 포함되어 있다. 특히, 알칼리성 원소가 많은 주요 무기질 식품이다. 파래류가 갖는 독특한 향기는 다이메틸설파이드에 의한 것이다.

파래는 가끔 김 양식의 망에 착생해서 김과 섞여서 생육되고 김과 함께 판에 떠서 말린 것, 줄에 걸어서 말린 것, 건조품을 갈아 분말 상으로 만든 것 등이 있으며 생채, 국, 무침 등으로 이용한다.

3) 선택 및 저장법

표면의 광택이 반짝반짝 빛나는 것을 고르는 것이 좋으며 싱싱하고 녹색의 색깔을 띤 어린잎을 고르는 것도 좋은 방법이다.

5 우뭇가사리(agar-agar)

1) 원산지 및 특성

홍조류에 속하는 우뭇가사리는 우리나라, 일본, 인도네시아 등에 분포하고, 몸 전체가 부채 모양으로 퍼지며 몸길이는 약 10~30cm 정도이다. 우리나라에는 우뭇가사리, 애기 우뭇가사리, 실 우뭇가사리, 개 우무 등이 있으며 한천의 원료로 우뭇가사리와 개 우무를 많이 이용한다. 한천은 우뭇가사리를 주원료로 하여 끓여서 식혀 만든 끈끈한 물질이며 개 우무, 석묵 등의 홍조류를 약 10~20% 정도 섞어서 만든다. 우뭇가사리는 보통 4~10월에 걸쳐 채취하는데 4~6월에 채취한 것이 그 후의 것에 비해 품질이 좋다.

2) 성분 및 효능

주성분은 갈락토오스이며 영양적 가치는 적으나 여름의 미각으로 친숙한 우무의 원료, 한천의 원료로 이용되며 비타민 A와 식이섬유가 많아 배변작용을 좋게 하여 변비예방에 좋은 음식이며 칼로리가 적어 다이어트 식품으로 많이 이용된다. 또한 우뭇가사리를 꾸준히 섭취하면 유해콜레스테롤을 낮추어 혈액순환을 원활하게 하여 주는 탁월한 효과가 있어 혈관을 튼튼하게 한다. 우뭇가사리는 차가운 성질이 있어서 배가 차서 대변을 자주보거나 소화력이 약한 사람은 주의하는 것이 좋다.

3) 선택 및 저장법

생 우무는 매끈한 것을 선택하는 것이 좋다.

6 톳(sea weed fusiforme)

1) 원산지 및 특성

톳은 우리나라 ,일본 동지나해, 중국등지에서 생산되며 우리나라는 서해안과, 남해안 고흥, 진도, 제주, 완도가 주생산지이다. 줄기는 원뿔형이고 섬유상 뿌리를 가지고 있으며 가장자리는 톱니모양처럼 생겼다.

2) 성분 및 효능

톳은 식이섬유가 풍부하고 철, 마그네슘, 요오드, 칼슘, 칼륨 등 각종 영양성분이 풍부한 해조류다. 톳은 철분 함량이 많아 빈혈증세가 있는 사람이나 임산부에게 좋으며, 칼슘, 칼륨 함량이 풍부해 성장아동기 발육에 특히 좋다. 또한 식이섬유가 풍부하고 칼로리가 낮아 다이어트에도 효과적이다. 샐러드, 무침, 톳비빔밥에 사용한다. 떫은맛은 식초를 조금 넣으면 제거할 수 있다.

3) 선택 및 저장법

생 톳은 보기에 광택이 있는 것이 좋으며 신선하고 굵기가 일정한 것이 좋다. 말린 톳은 수분이 5% 미만인 것을 골라야 장기간 보관할 수 있다.

7 매생이(seaweed fulvescens)

1) 원산지 및 특징

매생이는 바다에서 이끼처럼 자라는 녹조류에 속하는 바다식물이며 세계각지에 널리 분포되어 있으며 우리나라에서는 남해안의 바다에서 생산된다. 머리카락처럼 뭉쳐있고 대단히 몸에 좋은 건강식 재료이다. 보통 길이는 15cm 정도이며 굵기는 2~4.8mm 정도이고 보통 생김새 때문에 사람들이 잘 먹지 않는다고 생각하지만 여러 가지 요리에 응용하여 이용되고 있다.

2) 효능 및 성분

특히 매생이는 겨울철이 좋으며 짙은 녹색으로 향과 맛이 좋다. 식이섬유, 엽록소가 풍부하여 쉽게 배부름을 느끼고 장에서 흡수가 빠르고 칼로리가 낮아 다이어트 식품재료로 좋다. 요오드와 칼슘, 철분등이 다량 함유되어 있어 골다공증 예방에 매우 좋으며 철분과 칼륨, 비티민 A 등 영양이 풍부해 성장발육에도 좋다. 꾸준히 먹으면 위장질환을 예방할 수 있다.

3) 선택 및 저장법

색깔은 짙은 녹색이고 검푸른 것이 좋으며 굵기가 일정하고 자체 윤택이 있는 것이 좋다.

8 / 청각(glue plant)

1) 원산지

청각은 선명한 녹색을 띠는 녹조류로 파도의 영향을 적게 받는 곳에서 자라며 세계 각지에 분포되어 있다. 사슴의 뿔처럼 생겼으며 얕은 바다 바위 암석 등에 붙어산다. 몸은 융처럼 부드러운 촉감을 가지고 있으며 길이는 15～40cm 정도이고 줄기는 원주 상으로 굵기는 2～3mm 정도이다.

2) 성분 및 효능

인, 칼륨, 칼슘, 철, 요오드, 비타민 C가 풍부하여 어린이 성장 발육에 좋으며 철분이 많아 여성들의 빈혈예방에도 좋다. 또한 식이 섬유가 많아 배변을 용이하게 하고 변비에 좋다. 구충 성분에 있어서 회충약으로 쓰기도 했으며, 수용성 추출물은 강한 항생작용을 가지고 있다고 알려져 있다. 김치를 담글 때 사용하면 마늘 냄새, 생선 비린내를 중화시켜 준다. 생으로 먹거나 살짝 데쳐서 무치거나 염장하거나 건조하여 보존한다.

3) 선택 및 저장법

안이 꽉 차고 탱탱한 것이 좋으며 색은 진한 녹색과 암 황갈색이며 빛이 나고 윤기가 있는 것이 좋다. 만졌을 때 잎이 단단한 것이 좋으며 억세지 않고 부드러운 것이 좋다.

MEMO

CHAPTER

10

유지류

유지는 동물의 조직이나 식물의 종자에 축적되어 있는 성분으로 단백질 탄수화물과 더불어 3대 영양소이다. 유지의 역사를 보면 동물성 유지가 우리의 생활에 먼저 사용되었으나 19세기 들어오면서 추출기술이 개발되어 식용유지가 많이 이용되었다.

Chapter 10 유지류

유지는 동물의 조직이나 식물의 종자에 축적되어 있는 성분으로 단백질 탄수화물과 더불어 3대 영양소이다. 유지의 역사를 보면 동물성 유지가 우리의 생활에 먼저 사용되었으나 19세기 들어오면서 추출기술이 개발되어 식용유지가 많이 이용되었다. 유지는 상온에서 액체 상태인 유(油)와 고체인 지(脂)를 모두 말한다. 콜레스테롤 함량이 적은 식물성 유지는 음식 안에 들어있는 동물성 지방과 조화를 이루어 균형을 잡히게 한다. 유지는 체내에서 에너지원으로서 작용할 뿐 아니라 피하조직에 존재하여 외부의 충격으로부터 장기를 보호하는 역할도 한다. 유지는 소화시키는데 비교적 시간이 길어서 포만감을 유지시키지만 소화기관이 약한 경우나 여름철에 많이 섭취하면 설사가 날 수 있다. 식용 유지를 잘 보관하는 방법으로는 금속류 그릇, 공기와의 접촉, 높은 온도, 직사광선을 피하고 어둡고 습기가 차지 않는 곳에 보관하는 것이 좋다. 식물성 유지 사용은 그 나라의 지리적 측면과 관계가 많으며, 건강상 이상적인 유지섭취량은 동물성유지와 식물성유지 비율은 1:2가 좋다.

✣ 표 10－1 원료에 따른 유지의 분류

<table>
<tr><th rowspan="2">구분</th><th colspan="4">식물성</th><th colspan="2">동물성</th></tr>
<tr><th colspan="3">oil</th><th>fat</th><th>oil</th><th>fat</th></tr>
<tr><td>특징</td><td>건성유</td><td>반건성유</td><td>불건성유</td><td></td><td>해산동물유</td><td>육산동물유</td></tr>
<tr><td rowspan="6">종류</td><td>들기름</td><td>대두유</td><td>땅콩기름</td><td>야자유</td><td>어유, 간유</td><td>버터, 우지</td></tr>
<tr><td>아마인유</td><td>면실유</td><td>올리브기름</td><td>카카오버터</td><td rowspan="5">고래기름</td><td rowspan="5">돈지, 양지</td></tr>
<tr><td>호두기름</td><td>미강유</td><td rowspan="4">동백기름</td><td>팜핵유</td></tr>
<tr><td>양귀비유</td><td>옥수수기름</td><td rowspan="3">팜유</td></tr>
<tr><td rowspan="2">잣기름</td><td>유채기름</td></tr>
<tr><td>참기름</td></tr>
</table>

1 식물성 유지

식물성 유지는 식물로부터 채취한 유지를 말하며, 긴성유, 반긴성유, 불긴성유 등 3가지로 구분한다. 주로 튀김용, 샐러드용, 조미료용으로 사용하며 보관 시에는 직사광선, 공기접촉, 금속류, 고온, 먼지, 세균 등 환경에 유의하고 접촉을 피해 산패를 방지해야 한다.

건성유는 표면 공기 중의 산소와 결합하여 화학반응을 일으켜 막이 생겨 비교적 점성도가 높은 물질로 변화되어 건조되는 성질의 기름을 말하며 들기름, 잣기름, 아마인유, 호두기름 등이 있다.

반건성유는 공기 속에 방치하면 서서히 산화하여 막이 생겨 점성도가 증가하나, 건조 상태까지는 되지 않는 지방유를 말하며 참기름, 콩기름, 옥수수기름, 미강유, 면실유등이 있다.

불건성유는 공기 중에서 산소와 화합하기 어려워 공기 속에 방치하여 도막이 생기지 않고 건조하지 않는 기름으로 대표적인 것으로 동백기름, 올리브유, 피마자유, 땅콩기름등이 있다.

1) 대두유(soybean-oil)

(1) 원산지 및 특징

주로 남미와 미국이며 주재료인 대두는 우리나리에서는 대부분 수입하며 가장 많이 사용하는 기름이다,

세계적으로 콩은 생산량이 많아서 가장 많이 사용하며 일명 '콩기름'이라 하는데 리놀렌산이 많이 들어 있다. 식물 종자의 함유량으로는 적은 편이므로 석유계 용제를 써서 추출하여 가열, 증류하는 방법으로 조제 콩기름을 만든다. 보통 한번 콩기름을 제조하면 불쾌한 냄새와 동시에 황금빛 갈색을 띄기 때문에 냄새를 제거하기 위해 한번 다시 정제하여 만든다.

오래 저장하거나 가열하면 산화되어 변패가 발생한다. 우리나라 식용유 사용량의 약 30%를 차지하고 있다.

(2) 성분 및 효능

대유의 성분은 지방질 함량이 16~25%이며 보통 20% 내외이다.

콩기름 성분은 포화산 14~16%, 리놀레산 47~60%, 올레산이 16~32%, 리놀렌산이 6~8% 등으로 구성되어 있다. 따라서 황갈색을 띠는 조제 콩기름은 불쾌한 냄새가 나므로 식용으로 할 때는 다시 정제하여야 한다. 정제한 기름은 냄새가 없고 담황색이며 구수한 맛이 나서 식용유로 인기가 높다.

정제한 기름의 색깔은 살짝 연한 갈색을 띠며 맛도 고소하기 때문에 한때 가정 식용유 시장을 독차지 하고 있다. 대두유는 심장병, 동맥경화, 지방간의 예방과 치료에 쓰인다. 튀김용, 식탁용, 조미기름, 샐러드기름, 마요네이즈등에 사용한다.

(3) 선택 및 저장법

불순물이 없는 것을 고르며 신선한 기름향이 나는 것이 좋다. 보관할 때에는 직사광선을 피하고 어둡고 서늘한 곳에 보관한다.

2) 옥수수기름(corn oil)

(1) 원산지 및 특징

옥수수는 한해살이 식물이며 남아메리카가 원산지이다. 높이는 2~3m이며 꽃은 암꽃과 수꽃으로 나누어져 있고, 열매는 암 이삭에 옥수수 낟알이 박혀 있다. 8~9월에 익는다.

우리나라에서는 예로부터 옥수수, 옥시기, 강냉이로 불려오고 있다.

(2) 성분 및 효능

옥수수기름은 옥수수의 배아를 압착하여 채유하는 반건성유로서 옥수수의 배아에 33~40% 정도 함유되어 있는 기름을 추출한 액체기름이며 잘 산화되지 않고 저장성이 좋다. 풍미도 안정되어 식용유로 높이 각광받고 있으며, 주요성분은 리놀레산 40~55%, 올레산 20~50%, 팔미트산 10% 등으로 구성되어 있다. 옥수수유는 인지질이 1~3%, 불검화물이 1%, 토코페롤이 0.1% 정도가 함유되어 있다. 마요네이즈, 샐러드유, 식용유, 마가린제조, 연성세제, 경화유, 도료 등에 쓰인다.

(3) 선택 및 저장법

침전물이 없고 상온에서 맑은 색깔 띠는 것을 고르며 2개월 이내에 사용한다. 보관은 직사광선을 피하고 서늘하고 어두운 곳에 보관하며 제조일자를 확인하여 최근 것을 고른다.

3) 올리브유(olive oil)

(1) 원산지 및 특징

올리브 원산지는 지중해연안과 미국, 스페인이며 우리나라는 생산되지 않아 수입하고 있다. 올리브유는 올리브나무 열매의 과육에 들어 있는 40~70%의 지방을 압착하여 만든 식용유이다. 식용유 중에서 가장 고급품으로 여기며 올리브유의 색은 주로 수확시기에 따라 달라지는데 어린 시기의 것일수록 맑은 녹색을 띠며 늦어질수록 황색이 짙어진다.

엑스트라버진(extra virgin) 올리브유가 최상급이며 맛과 향이 좋아 고급유로 여긴다. 다음이 버진(virgin), 퓨어(pure)순이다.

(2) 성분 및 효능

올리브유는 담황색으로 냄새가 없고 담백한 맛을 낸다. 주성분은 불포화 지방산인 올레산이 65~85%이며 포화지방산으로는 팔미틴 산이 주성분이며 독특한 향을 가지고 색깔은 연한 녹색을 띤다. 산화에는 안정적이며 샐러드드레싱, 마요네즈, 튀김, 볶음 등으로 이용되고 있으며 특히 이탈리아 요리에 많이 쓰인다.

(3) 선택 및 저장법

올리브유는 유리병에 밀폐 포장되어 있는 것을 고르며 순수한 올리브유일수록 기름이 투명하다. 올리브유 라벨에는 원산지, 등급, 산도, 용량 등이 표기되므로 꼼꼼하게 살펴보고 고르는 것이 좋다. 사용한 올리브유는 서늘하고 직사광선이 비치지 않는 곳에 보관한다.

4) 참기름(sesame oil)

(1) 원산지 및 특징

참깨는 한국, 인도, 중국, 멕시코, 일본, 북아메리카 등지에서 많이 생산되며 일년생 식물이다, 참깨 껍질의 색은 흰색, 황색, 갈색 등을 띠고 있다.

(2) 성분 및 효능

참기름은 참깨를 볶은 후 압착, 착유, 여과하여 얻은 기름이며 반건성유이고 특유의 고소한 맛과 냄새 때문에 우리나라에서 가장 많이 애용되고 있으며 기호성이 좋다. 그 원료가 되는 참깨 껍질의 색은 흰색, 황색, 갈색 등을 띠며 주요 성분은 지방 45~55%, 단백질 36%가 함유되어 있다. 또한 비타민 E가 풍부하고 토코페롤과 세사몰 등과 같은 황산화제가 들어있어서 식물성 유지 중에서는 산화 안정성이 가장 높다. 참기름의 지방산 조성은 올레산 45%, 리놀레산 40%, 팔미트산이 9% 등이다. 용도로는 주로 나물무침, 양념에 사용하며 참기름을 짜고 남은 깻묵은 단백질이 풍부하여 가축의 사료나 비료로 쓰인다.

(3) 선택 및 저장법

너무 진하지 않고 옅은 갈색 빛을 띠는 참기름을 고르고 오픈하는 동시에 산화되기 때문에 위해 자주 구매하는 것이 좋다. 어둡고 서늘한 곳에 보관한다.

5) 들기름(perilla oil)

(1) 원산지 및 특징

들깨는 한국, 중국, 일본, 인도 등이 원산지이며 그 밖의 동남아에서도 재배를 하고 있다.

잎을 먹기 위해서 재배하는 잎 들깨는 별도로 4월 말에 씨를 뿌려 5월 중순에 아주 심기한 후 7월부터 잎을 이용한다. 잎의 형태는 심장같이 생겼으며 보통 녹색이지만 보라색도 있다.

(2) 성분 및 효능

들깨성분은 들깨 씨를 착유한 기름으로 들기름에는 오메가 3인 리놀렌산이 59%로 가장 많고 리놀레산 15%, 올레산 16% 정도 함유되어 있다. 불포화산지방산 함량이 높아 우수한 기능을 가지고 있으며 산화 안전성은 낮아서 사용한 후에는 냉장고에 보관해야 하며 풍미가 좋다.

우리나라는 참기름과 비슷하게 가장 많이 사용하며 깻잎 절임, 장아찌, 쌈 등으로 사용하며, 유럽에서는 공업용으로 많이 사용한다.

(3) 선택 및 저장법

바닥에 가라앉은 물질이 없는 것과 밀봉된 것을 고른다. 들기름은 사용 후에는 빛을 차단하고 냉장고에 보관한다.

6) 해바리기 씨유(sunflower seed oil)

(1) 원산지 및 특징

국화과 1년생 초본인 해바라기는 북아메리카가 원산지이며 씨(seed)가 아닌 실제로 건조과실이며, 온대지방, 아열대 지방 등 세계 널리 재배하고 있다.

해가 잘 드는 곳에서 자라며 꽃은 8~9월에 피며 높이는 2m 내외로 자란다. 꽃의 색은 갈색 또는 노란색이며 꽃 한 송이에 종자인 열매가 1,000여 개 정도가 생성된다.

(2) 성분 및 효능

해바라기 씨에는 지방이 30~40%이며 단백질이 함유되어 있어 식용으로 먹거나 해바라기유로 만들어 사용한다. 리놀레산 59%, 올레산 43%로 같은 불포화지방산이 함유 되어있는 건성유이이다. 혈중 콜레스테롤 수치를 낮추고, 씨는 잘 말려 기름 없이 볶거나 소금을 첨가하여 볶아 먹기도 한다. 생으로 먹을 경우는 견과류의 씹히는 맛과 기름기를 느낄 수 있다.

해바라기 씨에는 칼슘, 철분, 아연, 마그네슘과 같은 미네랄도 풍부하게 함유되어 있으며 또한 피로 해소, 골다공증 및 골연화증 예방, 빈혈 완화에도 효과 있다. 그러나 지방 함량이 높아 체중 조절에 유의하여야 한다.

발화점이 높아서 튀김용, 쇼트닝 원료, 마가린, 샐러드유, 제과, 제빵의 부재료로도 사용된다.

(3) 선택 및 저장법

유통기간을 확인하고 구입하며 금속과 접촉하면 산패가 일어나기 때문에 접촉을 피한다. 건조하고 어둡고 온도가 낮은 곳에 보관한다.

7) 포도씨유(grape seed oil)

(1) 원산지 및 특징

원산지는 스페인과 지중해, 소아시아 등지라고 알려져 있다. 포도는 유럽에서 아프가니스탄을 거쳐 인도에 전파되고, 페르시아를 통해 중국에 들어간 포도가 우리나라와 일본에 전파되었으며, 우리나라에 포도가 들어온 것은 고려 숙종 때인 1091년이라는 기록이 있다.

(2) 성분 및 효능

포도씨유는 포도 씨에서 채취한 기름을 식용에 적합하도록 압착하여 추출하여 정제한 것을 말한다.

포도 씨에는 지방이 약 20% 들어 있으며 지방질은 중성지방 95%로 되어 있다. 포도씨유 지방산은 리놀렌산 68~78%, 올레산 13.4~20.7%, 팔미트 6.7~9.1%이다. 체내에 리놀렌산은 우리 몸의 필수지방산으로 혈중 콜레스테롤 (LDL) 치를 저하시켜 동맥경화를 예방하고, 혈전 형성을 방지하여 뇌졸중과 심근경색을 예방한다. 또한 부신피질 호르몬 생성에 관계하여 스트레스를 막는 호르몬과 남성호르몬의 분비를 촉진한다.

사용용도는 마리네이드용으로 사용하면 좋으며 부침요리와 샐러드용으로 많이 사용된다.

(3) 선택 및 저장법

침전물이 쌓이지 않고 유통기간을 확인한다. 개봉 후에는 냄새를 맡아 보고 오래된 기름 냄새가 나지 않는 것을 고른다. 건조하고 어둡고 온도가 낮은 곳에 보관한다.

8) 쌀겨유(rice bran oil)

(1) 원산지 및 특징

우리나라에서 유일하게 국산원료로 조달되는 기름이며 살겨유 또는 미강유라고도 한다.

현미를 도정할 때 생기는 부산물인 쌀겨(미강)에는 배(쌀눈) 및 곡분 등도 포함되어 있으며 압착, 추출하여 짜낸 정제된 유지로 반건성유이다.

기름의 성상은 함유율이 보통 10~20%이나 원료인 쌀겨에 따라 다르다. 쌀겨 생산 후 4시간 이내에 추출하면 양질의 기름을 얻을 수가 있다. 우리나라에서는 쌀을 주식으로 하기 때문에 살겨가 풍부하므로 합리적인 처리방법을 연구하여 채유하면 좋은 살겨 유지로 활용할 수 있다. 살겨는 대부분은 정제하여 식용유로 사용하지만, 정제도가 높아서 비타민류는 거의 다 파괴된다.

(2) 성분 및 효능

쌀겨유 성분은 불포화 지방산 80~84%이며 이중 올레산 40~50%, 리놀레산 29~42%이며 포화 지방산은 16~20% 중 팔미트산이 13~18%이다. 용도에는 튀김용, 쇼트닝, 마가린, 제과, 조미용 등에 사용되며 약품, 도료, 화장품, 비누 등의 원료로도 쓰인다.

(3) 선택 및 저장법

유통기간을 확인하고 구입하며 침전물이 쌓이지 않은 것을 고른다.

9) 팜유(plam oil)

(1) 원산지 및 특징

식물성 고체 기름에 속하는 팜유는 말레이시아와 인도네시아, 아프리카가 주산지이다. 팜은 두가지 종류의 기름을 함유하고 있는데 기름야자의 과육에서 얻는 기름을 팜유, 씨에서 얻는 기름은 팜핵유라 한다. 팜핵유에는 지방질이 45~53%, 팜 과육에는 50% 포함 되어 있다.

(2) 성분 및 효능

팜유에는 팔미트산, 올레산이 80% 정도 차지하며 포화지방산 함유량이 높고 팜핵 유 지방산 조성은 라우르산이 50% 이상, 미리스트산이 10%, 올레산이 10% 함유되어 있다. 팜유는 카로틴 함량이 0.02~0.2%로 진한 오렌지색을 띠며 풍미는 담백하고 산화 안정성이 우수하며 값이 싸다.

용도로는 쇼트닝, 마가린, 라면, 포테이토칩 등에 사용하며 가공유지로 이용된다.

(3) 선택 및 저장법

유통기간을 확인하고 구입하며 침전물이 쌓이지 않은 것을 고른다.

2 동물성 유지

동물성 유지는 피하, 장 간막, 장기 주위, 근육 사이의 지방조직에 저장하는데 이러한 지방조직에 포함된 유지를 말한다. 포화지방산이 높아 동맥경화, 결장암 등의 발병과 깊은 관계가 있기 때문에 동물성 유지는 적정하게 섭취하는 것이 좋다. 동물성유지는 쇠기름과 돼지기름이 대표적이다. 쇠기름은 상온에서 고체상이며 융점이 낮고, 돼지기름은 가장 일반적인 동물성 유지로 돼지기름만을 라드라고 한다. 식용으로 적합하지 않은 저급품은 주로 비누제조용으로 쓰이며 식물유보다 다소 값이 싸다. 해산동물유는 여러 가지 불포화 지방산을 함유하고 있으며 유지 중에 가장 값이 싸고 다른 동물성 유지에 비해 품질이 떨어진다.

1) 우지(beef tallow)

(1) 원산지 및 특징

오스트레일리아, 남북아메리카가 주요 산지이다.

소의 지육(脂肉)에서 얻는 고체지방을 우지라고 한다. 백색, 담황색, 황색, 회색을 띠며 신선한 것은 냄새가 나지 않는다. 소의 신장에서 얻은 기름이 가장 좋다.

(2) 성분 및 효능

지방산 조성은 올레산 42%, 팔미트산 30%, 스테아르산 20%, 미리스트산 3%, 리놀레산 2%이며, 상온에서 고체로 융점이 40~43℃ 범위이다. 우지는 포화지방산이 45.5%, 불포화지방산이 49.6%, 비타민 A가 많다. 우지의 굳기는 소의 종류와 나이에 따라 다르다. 수컷에서 얻은 지방은 암컷에서 얻은 것보다 단단하며 쇠기름은 정제하여 마가린과 쇼트닝의 원료로 비누, 양초제조용 등으로 널리 이용 된다.

(3) 선택 및 저장법

냄새가 나지 않고 색깔이 변하지 않은 것을 고르며 사용 후에는 냉장고에 보관하고 가능하면 빨리 사용한다.

2) 돼지고기기름(lard)

(1) 원산지 및 특징

돼지는 중국에서 사육하였다는 기록이 있으며 고대 그리스에서는 소시지, 햄 등 육가공품이 가공되었다. 우리나라에서는 돼지고기 기름을 돈지라고도 한다. 돈지는 돼지의 피하지방, 신장주위 지방, 복강 내 지방의 각 부분에서 얻어지는 지방을 저온에서 압착하여 얻어지는 유분을 돈지유, 지방을 돈지스테아린 이라 하며 돼지복부에서 얻어진 기름이 가장 좋다.

(2) 성분 및 효능

성분은 포화 지방산이 39.5%이며 주로 팔미트산, 스테아르산이며. 불포화 지방산은 55.8%이며 주로 올레산으로 되어 있다. 라드는 가장 일반적인 동물성 유지로서 돼지기름만으로 만든 것을 순제 라드라 하고, 쇠기름을 섞은 것은 조정 라드라 한다. 라드는 독특한 풍미가 있어서 고급 중화요리뿐 아니라, 일반 가정, 즉석 면의 조리에도 이용 된다. 우량한 것은 식용, 향장품 제조·약용에 사용되며, 열등한 것은 비누, 경화유 제조에 사용된다. 사용용도는 마가린, 쇼트닝, 식용 유화제 등에 사용되며 그 외에도 공업용으로 비누류, 고무가공 지방산, 금속 가공 유제류 등 사용 범위가 넓다.

(3) 선택 및 저장법

냄새가 나지 않고 색깔이 변하지 않는 것을 고르며 조각으로 된 것은 선택하지 않는다. 가능한 빨리 사용하며 냉장고에 보관한다.

3) 양기름(mutton tallow)

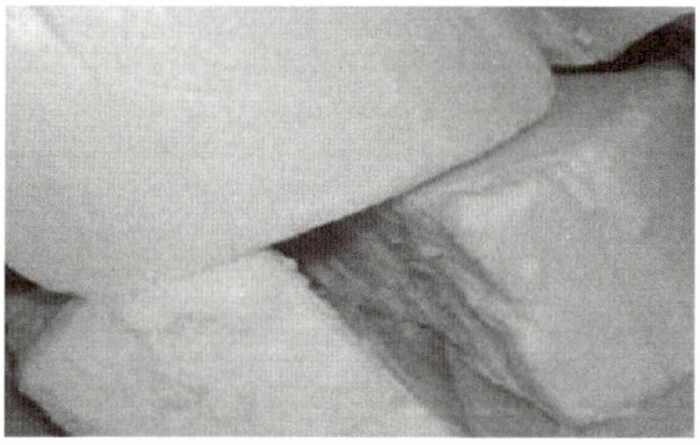

(1) 원산지 및 특징

1세 미만인 어린양 고기를 새끼양고기(lamb)라 하고, 2~7세까지를 마돈(mutton)이라 한다. 한국에서는 양이 백제 때부터 사육한 것으로 알려져 있으며, 최근에는 몽고, 호주, 뉴질랜드 등 초원지역에서 많이 사육한다. 양고기는 섬유질이 연하여 돼지고기 대용으로 많이 사용되지만 특유한 냄새가 난다. 냄새 제거에는 마늘, 생강, 카레가루, 후춧가루, 여러 가지 향신료, 포도주 등을 이용하여 냄새 제거하는데 많이 사용한다.

(2) 성분 및 효능

양 기름은 소고기기름과 비슷하며 약간 많은 고체 산을 함유하고 있다. 융점은 45~55℃이며 식용으로나 비누의 원료로 많이 쓰인다. 건강한 양의 피하지방, 신장, 신장주위 지방, 내장 등의 지방조직을 가열 용출시켜 제조하며 강한 냄새가 난다. 다른 가축지방과 비교하면 포화지방산의 함량이 많다.

사용용도로는 식용, 비누원료 ,마가린, 쇼트닝 등으로 사용한다.

(3) 선택 및 저장법

냄새가 나지 않고 색깔이 변하지 않으며 사용 후에는 냉장고에 보관하고 가능한 빨리 사용한다.

4) 마가린(margarine)

(1) 원산지 및 특징

마가린 원산지는 프랑스이며 이뽈리뜨 메주-무리에(Hyppolyte Mege-Mouries)가 최초로 개발하였다. 마가린이 만들어진 과정은 당시 서부 유럽 사람들의 생활수준이 나아짐에 따라 비누의 수요가 급증했던 시대적 상황과 밀접하게 관계가 있으며 이런 상황에서 화학자였던 이뽈리뜨 메주-무리는 지방을 제거한 우유에 쇠기름을 섞으면 버터와 유사한 물질을 얻을 수 있다는 사실을 발견했는데 이것이 '인조버터'라 불리는 마가린이다.

(2) 성분 및 효능

마가린은 대두유, 면실유 등에서 식물성지방을 추출하여 수소를 첨가하여 만든다.

성분은 식물성지방이 80%, 수분이 16.5%, 소금이 3%이며 약간의 색소와 인공향료가 들어간다. 사용용도는 요리에는 크림성, 유화성, 가소성이 좋아서 주로 쿠키, 빵, 과자 등에 사용하며 유중 수적형이다.

(3) 선택 및 저장법

산패하기 쉬워서 맛과 색깔을 보고 구입하며 구입하면 빠른 시일 내에 사용한다. 또한 직사광선을 피하고 서늘한 곳에 보관한다.

5) 쇼트닝(shortening)

(1) 원산지 및 특징

미국에서 돼지기름의 대용품으로 발명되었으며 1919년부터 만들기 시작했다. 이후 수소를 첨가한 경화유가 발명됨에 따라 목화씨 기름 및 콩기름을 경화한 것을 주원료로 사용하게 되었고, 현재 쇼트닝 생산의 기초가 되었다.

(2) 성분 및 효능

쇼트닝 성분은 지방 100%이며 제과, 제빵 등의 식품가공용 원료로 사용되는 반고체 상태의 가소성 유지제품이며 마가린과 다르게 물을 사용하지 않고 기름으로만 제조한다. 용도는 제과, 제빵용으로 많이 사용한다. 특히 쿠키, 비스켓 등을 제조할 때 잘 부서지도록 하는 쇼트닝성과 버터크림, 빵 반죽 제조 시 공기를 잘 부착하도록 하는 크림성이 있으며 쇼트닝 가공 특성은 가소성, 쇼트닝성, 크림성, 흡수성, 안정성 등이 있다.

(3) 선택 및 저장법

장기간 사용 시에는 냉동고에 보관한다.

CHAPTER

11

조미료

음식을 만들 때 주재료에 첨가되어 음식의 맛을 좋게 하고 음식의 맛을 돋우며 조절하는 물질을 조미료라 한다. 이런 의미에서는 조미료와 향신료와의 구분이 명확하지 않지만 일반적으로 4가지 기본 맛 중에서 단맛, 신맛과 짠맛을 내는 물질과 구수한 맛, 감칠맛 등을 내는 물질을 조미료라 한다.

Chapter 11 조미료

음식을 만들 때 주재료에 첨가되어 음식의 맛을 좋게 하고 음식의 맛을 돋우며 조절하는 물질을 조미료라 한다. 이런 의미에서는 조미료와 향신료와의 구분이 명확하지 않지만 일반적으로 4가지 기본 맛 중에서 단맛, 신맛과 짠맛을 내는 물질과 구수한 맛, 감칠맛 등을 내는 물질을 조미료라 한다. 조미료 종류는 아래 표와 같다.

표 11-1 조미료 구분

구분	종류
감미료	설탕, 올리고당, 물엿, 시럽, 조청, 꿀
산미료	포도 식초, 사과식초, 현미식초, 술초
염미료	소금, 간장, 고추장, 된장
지미료	글루탐산, 핵산조미료, MSG, 복합조미료

1 짠맛

1) 소금(salt)

(1) 원산지 및 특징

소금은 아시아 여러 나라의 연안, 북아메리카, 홍해, 지중해 연안, 오스트레일리아, 멕시코 연안 서부에서 생산되며 우리나라는 전라남도 신안에서 많이 생산되고 있으며 품질이 우수하다. 소금은 해안에서 70% 정도 생산하며 미국이 생산량 1위이다.

(2) 성분 및 효능

소금은 가장 오래된 조미료이며 짠맛을 내는 물질로써 NaCl의 Na^+는 쓴맛이 거의 없기 때문에 Cl－가 갖는 순수한 짠맛을 낼 수 있는 것으로 여겨진다. 소금의 역할은 짠맛을 내는 것뿐 아니라 삼투압 작용, 방부효과, 단백질 용해작용, 단백질 응고작용, 산화방지, 세포연화 작용에도 사용된다. 또한 다른 맛 성분과 함께 하여 그 맛을 강화시키는 작용도 한다. 소금은 염화나트륨을 주성분으로 하지만 제조방법에 따라 천일염, 재제염, 정제염, 암염, 죽염, 맛소금 등이 있다. 음식을 조리 할 때는 설탕, 소금, 식초 순으로 사용하는 것이 좋다. 소금은 흡수성이 커기 때문에 습기가 많은 곳에는 보관하지 않도록 한다. 바닷물에는 3% 염분이 포함되어 있다.

(3) 선택 및 저장법

손상이 없는 용기에 담겨져 있고, 분말상이 균일한 것을 고르며 소금은 흡수성이 커기 때문에 수분 또는 이물질이 없는 것이 좋다. 부패, 변질에 의해 썩은 냄새가 없고 내용물의 색상이 변하지 않은 것을 선택한다.

2) 간장(soy sauce)

(1) 원산지 및 특징

간장은 우리나라 고유의 발효식품이며 콩을 삶아 메주로 만든 후 발효시켜 만든 짜고 특유한 맛을 내는 장이며 일본 중국에서도 사용한다.

재래식은 콩을 삶아서 메주로 만든 후 이듬해 봄에 햇빛에 말린 후 소금물을 붓고 숙성시킨 후 즙액만 떠내어 솥에 부어 달인 것이 간장이다. 만드는 과정에서 여러 종류의 세균과 곰팡이가 번식하므로 잘못 관리하면 좋지 않은 맛과 냄새가 날 수 있다. 소금의 농도는 18～20% 정도가 적당하다.

(2) 성분 및 효능

음식의 간을 맞추는 기본양념으로 짠맛·단맛·감칠맛 등이 복합된 독특한 맛과 함께 특유의 향을 지니고 있다

질소가 0.6～0.9%, 염분이 20% 내외, 당분이 1% 내외, 고형분을 10% 가량

함유한다. 아미노산의 분해산물인 멜라닌과 멜라노이딘 성분에 의해 간장은 갈색을 띠며, 그 고유의 맛은 β –메틸메르 캅토프로필 알콜에 의해 생겨난다.

간장의 종류는 다음과 같다.

① 국 간장

가정에서 가장 흔하게 쓰이는 간장의 종류이며. 국간을 맞출 때 사용한다. 색이 연하고 짠맛이 강한 것이 특징이다. 나물을 무칠 때도 사용한다.

② 진간장

색이 진해 진간장이라고도 부르며, 한식 간장의 한 종류로 5년 이상 숙성시켜 맛과 색 모두 진하며 짠맛은 감소하고 단맛은 깊어지는 것이 특징이다. 따라서 음식의 맛과 색을 내는 용도로 주로 사용한다.

③ 양조간장

양조간장은 개량식 간장의 한 종류로 메주를 쓰지 않고 만드는 간장이며, 탈지대두나 콩에 쌀과 보리 등을 가공해 만들며, 짠맛이 약하고 색이 진한 것이 특징이다. 개화기 이후 들어와 일본식 간장 혹은 왜간장이라고도 부르며, 무침이나 생선회를 찍어 먹는다.

④ 맛 간장

맛 간장은 재래식 간장의 강한 짠맛을 완화한 간장으로 짠맛보다는 단맛이 강한 것이 특징이다. 다시마나 멸치 등의 재료를 넣고 끓인 육수를 섞어서 만들며, 달콤한 맛이 필요한 조림이나 볶음 요리에 주로 사용한다.

⑤ 어간장

어간장은 콩이 아닌 생선으로 만드는 간장으로 물고기의 단백질을 사용해 만든다. 생선을 통째로 혹은 머리와 내장을 떼어낸 후 소금을 넣어 1년 이상 발효시킨 간장으로, 짙은 노란색을 띠며 진한 맛과 냄새가 난다. 간장을 걸러낸 건더기는 어 된장이라고 하여 젓갈의 원형이기도 하다. 우리나라보다는 동남아나 중국의 해안지방에서 많이 사용되는 조미료다.

(3) 선택 및 저장법

간장의 유형을 보고 한식간장과 양조간장을 선택하며 잘 숙성된 것을 고른다.

혼합간장은 혼합비율을 확인하고 산 분해 간장은 비율이 적은 것을 선택한다. 콩·소금의 원산지를 확인하고 간장속의 질소 함량이 높은 것과 깊고 맑은 색을 고른다.

3) 된장(bean paste)

(1) 원산지 및 특징

우리나라가 원산지일 가능성이 있다. 된장은 삼국시대부터 이미 장 담그는 기본법이 이루어 졌다는 증거로 중국의 정사 삼국지 중 ≪위지 동이전≫에는 '동이족(고구려인)은 장 담그는 솜씨가 훌륭하다', '발해의 명물은 된장이다'라는 기록이 남아있다. 삼국지가 나온 시기를 감안하면 290년 이전부터 고구려에서 콩을 이용한 된장을 만들어왔음을 유추할 수 있다.

된장의 정의는 메주로 장을 담가서 장물을 떠내고 남은 건더기로 만든 장이라고 할 수 있다.

(2) 성분 및 효능

콩을 이용하여 만든 된장은 수분이 55% 이하이며, 단백질이 38%, 리놀산·리놀렌산 등의 불포화 지방산이 많이 함유된 지방이 18% 있어 영양이 풍부하다.

영양이 풍부한 된장은 나물을 무치는 조미료나 된장국 끓이는 데 이용되고 있다.

된장은 식이섬유소질이 많아 변비를 예방하고 또한 납두 균, 레시틴 성분이 있어 두뇌발달에 좋다. 레시틴은 혈중 콜레스테롤 함량을 낮추고 혈액을 원활하게 하여준다.

(3) 선택 및 저장법

유전자 변형 콩이 아닌 자연산 콩으로 만든 된장을 선택하며 다른 부재료가 들어가지 않은 콩으로 만든 된장과 숙성기간이 2년 이상인 된장을 고른다.

2 단맛

1) 설탕(sugar)

(1) 원산지 및 특징

뉴기니아 주변이 원산지라고 하며 기원전 327년 알렉산더대왕의 서인도 원정 시 부하가 밀봉을 낳는 갈대라고 하는 사탕수수를 기록한 일화는 잘 알려져 있으며 사탕수수는 인도에서 정착해 재배하기 시작하였다.

(2) 성분 및 효능

설탕은 단맛을 내는 감미료이면서 소금과 함께 가장 기본이 되는 조미료이다. 인류는 본능적으로 단맛에 대한 강한 집착을 가지고 있으며 인류가 사용한 최초의 감미료는 벌꿀이었고 그 후 사탕수수와 사탕무를 대량 재배함에 따라 감미료로서의 설탕이 대중화되기 시작하였다. 단맛을 내는 물질로는 설탕 외에도 포도당, 과당, 물엿 등이 있으며 사카린, 시클람산나트륨, 둘신, 펠리라틴, 글리시르리진 등과 같은 인공감미료도 있는데 이러한 것들은 설탕에 비해 단맛이 매우 강하여 경제적이지만 대부분이 독성을 가지고 있어서 사용이 제한되었다.

설탕은 성분의 대부분이 서당으로 체내에 흡수되기 쉬우며 흡수된 설탕은 주로 에너지원으로 이용된다. 설탕은 단맛을 내는 것뿐 아니라 가공요리나 가공식품에도 많이 이용된다.

설탕의 기능은 다음과 같다.

① 단맛을 내며 에너지원으로 이용된다.
② 갈변을 촉진하고 전분의 노화를 방지한다.
③ 단백질의 펩티드 결합을 짧게 끊어 육류를 연하게 한다.
④ 발효를 촉진하고 펙틴을 젤리화 시킨다.
⑤ 방부 작용과 착색·착향 작용을 한다.

(3) 선택 및 저장법

용기는 손상이 없고, 설탕 분말이 균일해야 하며 설탕 내용물이 장시간 방치로 색상이 변한 것은 피한다. 포장이 열려 있거나 덩어리가 있는 것, 청결하게 유지되지 않은 것은 피한다.

2) 꿀(honey)

꿀은 벌이 모은 꽃의 꿀을 모아서 벌집 안에서 숙성되어 생긴 것으로 성분 대부분은 당분으로 포도당과 과당이 많다. 꽃 종류에 따라서 색, 향기, 성분이 다르다.

꿀은 설탕보다 향미가 강하고 수분이 많으므로 구울 때는 낮은 온도에서 굽도록 한다.

판토펜산이나 각종 비타민 무기질이 함유되어 있으며 제과의 재료, 칼로리원으로 식용, 의학용으로 사용된다.

3) 올리고당(oligosaccharide)

올리고당은 당 단류가 글로코사이드 결합을 한 것으로 설탕과 물리적인 특성이 매우 비슷하고 감미도 있기 때문에 설탕 대체 물질로서 사용되고 있다.

순수한 올리고당 감미도는 설탕의 20~40% 정도이며 장내 소화 효소에 의하여 분해되지 않아 소화하기 어려우나 대장에서 박테리아에 의해 조금씩 분해되며 칼로리가 낮다. 그러나 식물 속에는 올리고당의 함량이 적기 때문에 충분한 양을 섭취하는 것이 어렵기 때문에 올리고당은 전분 관련 효소를 이용하여 생산한다. 일본에서는 1987년 프락토 올리고당이 생산된 이래 여러 종류의 올리고당이 생산하고 있다. 천연 올리고당류의 대부분은 식물에 존재하며 부드러운 맛을 가지고 저 칼로리 감미료이며 혈당을 빨리 올리지 않아 당뇨환자의 설탕 대신 혈당 조절로 사용한다.

몸에 여러 가지 이로운 생리기능을 가지고 있어서 기능성 올리고당이라 한다. 요구르트 제조와 다이어트 식품에 사용한다.

4) 조청(grain syrup)

곡식을 엿기름으로 삭혀서 조려 꿀처럼 만든 감미료이며 쌀밥, 수수 가루, 옥수수 가루로 쑨 죽으로도 만든다. 잡곡이나 고구마도 활용하여 만들 수 있다. 자연에서의 꿀을 청이라 하므로 인공적인 꿀이라는 뜻에서 조청이라 한다. 곡물의 전분질은 찌거나 삶으면 익어서 호화되는데 여기에 엿기름물을 섞고 따뜻하게 중탕을 하거나 묻어두면 밥알이 삭아서 당화되어 풀어지게 되는데 이것을 자루에 퍼 담아 단물을 짜 낸 것을 엿물이라 한다. 큰 무쇠 솥에 엿물을 붓고 불에서 진하게 조린다. 만든 조청은 빛깔, 광택, 끈기가 다르나 단맛은 거의 같다.

5) 인공조미료(synthetic flavoring matter)

사람이 인공적으로 맛을 낼 수 있도록 만든 물질로 자연에서 얻은 천연조미료와는 다른 조미료이다. 일명 화학조미료 MSG라고도 한다. 일본에서는 멸치, 다시마, 가다랭이 등을 우려낸 국물을 조리에 많이 이용 하였는데 1908년에 일본의 이케다라는 학자가 다시마의 달고 감찰 맛 나는 성분이 아미노산의 일종인 글루탐산의 나트륨염이라는 것을 발견하고 밀의 글루텐으로부터 인공적으로 제조한 것이 화학조미료의 시초이다. 구수한 단맛을 가진 물질을 크게 아미노산계와 핵산계로 나눈다. 아미노산계는 글루탐산의 나트륨염, 아스파트산, 석신산나트륨 등이 있고, 핵산계는 이노신산나트륨과 구아닐산나트륨이 있다.

글루타민산소다는 다시마의 감칠맛 성분이며, 이노신산은 가다랭이의 감칠맛 성분이며, 구아닐산은 표고버섯의 감칠맛 성분이다. 조개류의 감칠맛은 석신산나트륨이다. 이 여러 가지 맛을 이용하여 복합조미료가 개발되었다.

3 신맛

1) 식초(vinegar)

(1) 원산지 및 특징

식초는 인류가 만든 조미료 중에서 소금 다음으로 오래된 것으로 B.C 15C경부터 서양에서는 과일을 이용하여 식초를 만들었으며, 아시아에서는 B.C 6C경부터 곡류를 원료로 하여 만들었다.

(2) 성분 및 효능

식초는 크게 2가지로 나누는데 발효식초와 합성식초로 나뉜다. 식초는 당 또는 알코올 함유 액체에 아세트산균이 작용하여 발효시킨 것이다.

식초의 장점은 체내의 독소를 제거하고 혈액순환을 원활하게 하며 지방분해를 촉진시키는 역할을 한다. 또한 피로의 원인인 젖산을 분해하여 피로 회복을 시키며 혈액 내의 콜레스테롤이 쌓이는 것을 막아 심장병을 예방한다.

식초의 종류는 다음과 같다.

① 합성초

발효가 아닌 화학적 합성으로 만든 식초이며 빙초산을 희석하여 만든다.

② 양조초

곡물에 의하여 변성된 알코올을 아세트산 발효시켜 만든 식초이며 주로 쌀 녹말을 원료로 하여 만든다.

③ 과일초

사과 등과 같은 신 과일의 즙을 이용하여 만든다.

(3) 선택 및 저장법

가능한 발효식초를 선택하여 구입한다.

4 매운맛

1) 고춧가루(dried red pepper powder)

(1) 원산지 및 특징

남아메리카가 원산지이며 가지과에 속하는 속씨식물이고 다년초이다. 줄기에서 많은 가지가 나오고 키는 60cm~90cm까지 자란다. 주로 열매를 식용으로 사용하는데 품종에 따라 관상용으로 심기도 한다. 열매에는 매운 맛을 나게 하는 캡사이신이 들어 있으며 매운 정도는 품종에 따라 다르다. 한국에서는 주로 식용으로 풋고추와 말린 고추를 갈은 고춧가루를 사용하는데 가루는 매운맛과 붉은 색깔을 내기 위하여 주로 사용한다. 한방에서 동상이나 신경통, 근육통의 치료제도 사용한다.

(2) 성분 및 효능

고추의 중요한 영양소는 비타민 A와 B이다. 고추의 매운맛 성분은 캅사이신과 디히드로캅사이신이며 품종과 재배환경에 따라 큰 차이가 난다. 고추의 색깔은 50종 이상의 카로테노이드로 구성되어 있으며 캅산틴, 캅소루빈 β −카로텐 등이 주요 색소이다.

(3) 선택 및 저장법

햇빛에 말린 고추로 만든 것을 구입하며 진공포장된 것을 선택한다. 사용 후에는 햇빛과 공기를 차단하여 서늘한 곳에 보관한다.

2) 고추장(red chili paste)

(1) 원산지 및 특징

고추장은 우리나라에만 전래되어 오는 조미식품이며 역사적으로 고추장을 담그기 시작한 것은 16세기 말이나 17세기 초인 것으로 추정된다. 1765년 『증보산림경제』에는 "콩으로 담근 말장가루 한 말에 고춧가루 세 홉, 찹쌀가루 한 되의 세 가지 맛을 취하여 좋은 청장으로 침장한 뒤 햇볕에 숙성 시킨다"고 나와 있어 지금과 비슷한 고추장을 담가 먹었다는 것을 알 수 있다. 『월여농가』 에서는 고추장을 번초장이라 하였다.

(2) 성분 및 효능

고추장은 메주가루에 쌀가루 또는 찹쌀이나 곡류가루를 섞고 여기에 고춧가루, 소금, 물엿 등을 넣어 혼합하여 숙성시킨 것이다. 고춧가루는 6% 이상 첨가되어야 하며 수분은 45% 이하 조단백질은 4.5% 이상, 캡사이신은 1.0mg%, 아미노산 질소는 160mg% 이상 이어야 한다.

찹쌀가루로 만든 고추장이 제일 맛이 있으며 캡사이신 성분은 매운 맛과 향균

작용을 한다.

고추장은 간장 된장과 더불어 우리 고유의 발효 식품이며 복합조미료이자 기호식품이다.

3) 겨자(mustard)

(1) 원산지 및 특징

겨자는 겨자과에 속하고 원산지는 중앙아시아이다. 중국에서는 B.C 1200년경에 이미 널리 재배되었으며, 고대 그리스나 로마시대 때는 약초로 이용되기도 했던 중요한 작물이다. 우리나라는 중국을 통해 들어 왔으며 고추가 들어오기 전까지 생강, 마늘과 함께 중요한 향신료로 애용되었다.

(2) 성분 및 효능

겨자어린잎은 괴혈병의 약으로 쓰이며 기억력을 높여 주고 권태감을 없애 주며 피로회복에도 효과가 있다. 갈색의 씨는 원기둥 모양의 꼬투리 안에 들어 있는데, 가루로 만들어 향신료로 쓰거나 따뜻한 물에 개어 샐러드의 조미료로 쓰기도 한다. 매운맛은 알릴 이소티오시안염계 물질들이다. 씨를 증류하여 얻은 기름은 동상, 만성 류머티스, 중풍, 관절염 등에 치료 효과가 있으며, 씨를 달인 물은 해독작용이 있어 버섯중독이나 짐승에 물린 독을 해독하는 데 쓰인다. 한편, 씨에는 시니그린(sinig rin)과 가수분해 효소인 미로신(myro sin), 지방유가 37% 함유되어 있다.

4) 고추냉이(wasabi)

(1) 원산지

고추냉이는 일본이 원산지이며 겨자과에 속하며 굵은 원기둥 모양의 땅속줄기를 가지는데, 일본, 북미, 뉴질랜드 그리고 한국에서도 재배한다. 주로 일식에서 많이 사용한다.

(2) 성분 및 효능

고추냉이는 풀 전체에 특유의 향기와 매운맛을 지니고 있는데, 매운맛의 성분은 알릴 이소티오시아네이트이며 가루로 만들면 효소의 작용으로 매운맛이 생긴다. 봄에 고추냉이 전체를 채취하여 김치를 담가 먹기도 하고 땅속줄기의 잔뿌리를 말려 생약으로 쓰기도 한다. 한방에서는 류머티즘, 신경통 등에 이용하기도 한다. 생선회, 초밥 등에서 빼놓을 수 없는 재료이다.

5 / 감칠맛

화학적으로 합성하거나 자연식품에서 추출한 맛난 맛을 내는 조미료이다. 일반적인 화학조미료란 단맛, 짠맛, 신맛, 쓴맛의 4개의 기본 맛에 속하지 않는 즉 감칠맛 성분을 말한다. 글루타민산나트륨은 세계적으로 널리 사용되는 향미증진제이며, 5'－GMP는 구아닐산이며 표고버섯의 맛을 내는 물질이다. 100g 속에 100～200mg이 들어있다. 5'－IMP는 이노신산이며 건조 가다랑어와 고기추출물에 함량이 많은데 100g 속에 300～1000mg이 들어있다. 5'－XMP는 크산토신이다. 핵산조미료의 맛의 세기는 5'－GMP〉 5'－IMP〉 5'－XMP 순이다.

MEMO

CHAPTER

12

향신료

향신료는 크게 2가지로 나뉜다. 하나는 식물의 마른 잎이나 신선한 잎으로 된 것을 허브(herb)라고 하며 식물의 뿌리, 껍질, 열매, 꽃, 줄기 등을 스파이스(spice)라고 한다.

Chapter 12 향신료

향신료는 크게 2가지로 나뉜다. 하나는 식물의 마른 잎이나 신선한 잎으로 된 것을 허브(herb)라고 하며 식물의 뿌리, 껍질, 열매, 꽃, 줄기 등을 스파이스(spice)라고 한다. 향신료는 음식에 풍미를 주어 식욕을 촉진시켜 주는 물질로서 영어로는 스파이스(spice)라 하는데 이 말의 어원은 라틴어로 약품이라는 뜻이며 한국말로는 양념에 해당된다고 할 수 있다. 향신료의 사용법은 비교적 어렵다. 이것은 향신료의 사용량이 적게 사용하기 때문이기도 하지만 같은 향신료라 하더라도 강도가 다르기 때문이다. 너무 많은 양을 사용하면 음식의 맛을 망치기 때문에 향신료를 사용할 때는 항상 주의하여야 한다. 향신료는 에테르유(etheric)라는 방향성 물질에 의해 특이한 맛과 향을 가지며, 차고 건조한 곳에 보관하며 가루보다는 통째로 보관하는 것이 더 오래 향을 유지하며 보관할 수 있다.

조리에 이용할 때 향신료의 작용은 다음과 같이 크게 아래와 같이 나뉜다.

- 좋은 향기를 내어 식욕을 불러일으키는 향을 요리에 더한다.
- 육류나 생선의 좋지 못한 냄새를 완화시키고 제거한다.
- 매운 맛과 향기는 타액이나 소화액의 분비를 촉진시켜 식욕을 증진시킨다.
- 요리에 색을 부여하여 식욕을 북돋우고 맛을 증진시킨다.

1 허브(herb)

허브란 라틴어 허바(Herba)에서 유래된 '푸른 풀'이라는 의미이며 향과 약초라는 뜻으로 사용되고 있다. 주로 과거에는 약초나 관상용으로 사용되었지만 이제는 식용으로서의 가치 및 활용도가 매우 높아지고 있다. 세계적으로 약용과 식용으로 사용되는 허브종류는 약 140여 가지 정도이다.

1) 월계수 잎(bay leaf)

(1) 원산지 및 특징

월계수는 남유럽 지중해 연안이 원산지로 이탈리아, 그리스, 모르코, 프랑스 등에서 많이 생산되고 있다. 우리나라에서는 경남과 전남지방에서 감로수라는 이름으로 재배되고 있다. 4~5월에 황색 꽃이 피고 열매는 10월에 흑자색으로 익는다. 배수가 잘 되는 비옥한 사질 양토에서 잘 자란다. 월계수의 긴 타원형의 잎은 상큼한 향기와 약간의 쓴맛이 나며 짙은 녹색을 띠지만 말리는 동안 연한 녹색으로 변하게 된다.

(2) 성분 및 효능

월계수 잎에는 주성분인 시네올이 다량 함유되어 있다. 어린잎은 정유율이 높고 향기가 좋으며, 생잎은 상큼한 향기와 약간의 쓴 맛이 가진다, 유통상으로도 생잎은 문제가 많기 때문에 보통 말려서 향신료로 사용을 많이 한다. 서양요리에 스탁과 소스, 드레싱 만들 때 많이 사용한다. 천연 방충제로서 곡류를 보관하는 살독 등에 말린 월계수 잎을 2~3장 넣어 두면 벌레가 생기지 않는다.

(3) 선택 및 저장법

생잎은 벌레가 먹지 않은 신선한 잎을 구입하고 마른 잎을 구입할 때는 부스러지지 않고 원형 그대로 있는 것과 크기가 균일한 것을 선택한다.

2) 바질(basil)

(1) 원산지 및 특징

바질은 열대아시아와 유럽이 원산지이며 이란과 이태리, 프랑스에서 많이 재배한다. 꿀풀과에 속하며 유럽에서는 허브의 왕이라고 한다. 향은 시원하고 강한 향기가 나오며 맛은 살짝 신맛이 난다. 어린잎과 줄기를 생으로 사용하거나 말려서 가루로도 많이 사용한다. 생으로 사용하는 것이 향도 좋다. 인도에서는 요리에서 사용을 안 하고 주로 차로 달여서 마신다.

(2) 성분 및 효능

바질에는 메틸 차비콜, 리나롤이 함유되어 있다.

바질은 토마토 요리와 궁합이 잘 맞으며 이태리요리의 스파게티, 토마토소스, 피자, 샐러드, 페스토 소스 등에 많이 사용한다. 바질은 비만, 소화불량, 변비, 위장장애 개선 등에 좋으며 불면증에도 효과가 있다. 비타민 E와 항산화제인 토코페롤을 다량 함유하고 있으며 무기질이 많이 들어 있어 독소 제거에도 효과가 있다.

일반적으로 바질은 스위트바질, 레몬바질, 시나몬 바질 등이 있다. 바질을 자를 때는 잘 드는 칼로 누르면서 자르면 자른 부분이 변하기 때문에 잘 드는 칼로 썬다.

(3) 선택 및 저장법

눈으로 보았을 때 잎이 깨끗하고 상한 부분이 없으며 신선하고 잎은 너무 크지 않고 연한 것이 좋다.

3) 다임(thyme)

(1) 원산지 및 특징

다임은 남유럽 지중해 연안과 북아프리카, 서아시아가 원산지이다. 꽃순 잎 등을 말리거나 생으로 사용하며 상쾌한 향기와 매운맛을 지닌다. 다임은 배수가 잘 되고 석회질이 많은 건조한 토양에서 잘 자란다. 향이 좋아서 백리까지 간다고 백리향이라고도 한다.

(2) 성분 및 효능

티몰, 비타민 A, B 등이 있으며 신경우울, 두통과 스트레스에 관련한 질환에 사용되며, 타임으로 만든 오일은 무기력하고, 지치고, 침울한 사람들의 회복에 특히 효과적이다.

잎의 가장자리는 안으로 굽고 잔털이 많은 것이 좋다. 다임 사용은 주로 스탁, 소스 만들 때, 육류요리, 육류 냄새를 제거할 때, 피클 담글 때, 오븐구이, 조림 등 다양하게 사용되어 지고 있다.

(3) 선택 및 저장법

잎줄기는 매우 짧고 길이가 적당한 것과 타원형의 잎이 좋으며 줄기는 굵지 않고 연한 것이 좋다.

4) 로즈마리(rosemary)

(1) 원산지 및 특징

유럽 지중해 연안이 원산지이며 소나무의 솔잎을 닮았으며 가늘고 잎이나 어린 가지를 사용한다. 강한 향미로 육류요리에 사용되며 특히 육류의 냄새를 제거하는데 효과적이다. 잎은 짙은 녹색이며 광택이 있고 뒷면은 흰색이고 회색의 솜털이 있다. 햇빛이 잘 들고 배수가 잘되는 사양토에서 생육이 잘 된다.

(2) 성분 및 효능

항균·살균 작용이 뛰어나며 냄새가 강하고 보습 효과에도 좋다. 집에서 관상용으로도 많이 키우며 피부를 부드럽게 진정시켜 주어 화장품 원료로 사용되며 특유의 신선한 향은 뇌의 기능을 활성화 시켜준다.

강한 향미로 육류요리에 사용되며 특히 다임과 같이 사용하여 양고기의 특유한 냄새를 제거하는데 효과적이다. 냄새가 강하기 때문에 드레싱 만들 때는 소량 넣어서 사용하는 것이 좋다. 로즈마리는 생이나 말린 것 모두 사용한다.

(3) 선택 및 저장법

잎은 뾰족하고 마르지 않으며 신선한 것을 고르며 줄기는 거친 것 보다 연한 것이 좋다. 말린 로즈마리는 시중에서 구입할 수 있으며 꼭 유통기한을 확인 후 구입한다.

5) 파슬리(parsley)

(1) 원산지 및 특징

원산지는 스페인, 지중해연안, 그리스, 모로코, 알제리 등 유럽 남동부와 아프리카 북부에 야생으로 분포하며 야생종은 물이 솟는 근처의 돌 틈바구니에서 자란다. 우리나라에서는 1970년부터 재배하기 시작했다. 서양요리에서는 뺄 수 없는 채소로서 잎, 줄리, 뿌리를 사용하며 주로 잎은 다져서 사용하고 줄기는 소스, 스탁 등을 만들 때 사용 한다. 잎은 기름에 튀겨서 사용하거나 잘게 썰어서 요리에 뿌리거나 음식에 장식할 때도 많이 사용한다.

(2) 성분 및 효능

파슬리는 일년에도 몇 번씩 수확을 할 수 있으며 특이한 성분은 잎과 꽃술에 있는 휘발류성 기름이며 비타민 A와 C, B_1, B_2, 칼슘, 철분 등이 많이 들어 있다. 특히 베타카로틴과 비타민 C는 노화방지, 소화촉진, 간장해독, 이뇨작용, 류머티즘 완화, 암, 심장병, 뇌졸중 등 각종 성인병을 예방하는 효과가 있다.

(3) 선택 및 저장법

파슬리를 선택할 때는 진한 녹색으로 줄기와 잎이 억세지 않은 것을 고른다. 잎은 크기와 수가 적고 잎자루와 잎맥 간격이 짧은 것을 고르는 것이 좋으며 잎이 벌어지고 핀 것은 좋지 않다. 말린 파슬리는 선택하지 않는 것이 좋다.

6) 고수(coriander)

(1) 원산지 및 특징

중국 파슬리로 잘 알려져 있으며 지중해 중부연안, 시리아, 남유럽이 주산지이며 미나리과에 속하는 일년생 초본식물이다. 향신료 중에서 방향이 풍부하며 익은 열매를 건조한 것이 코리안드이며 잎은 실란트로라고 한다. 정유의 주성분은 리날로올이며 피넨, 제나리올 등의 성분도 함유하고 있다.

(2) 성분 및 효능

유럽에서는 소스 만드는데 향료로 사용한다. 한방에서는 열매를 호유자라 하여 건위제, 고혈압, 거담제로 사용한다. 향이 강하며 중국과 동남아시아에서 요리에 많이 사용 한다.

피클이나, 소세지, 빵, 쿠키에 이용된다. 미숙한 고수는 특이한 향이 나므로 싫어하는 사람도 있다.

(3) 선택 및 저장법

미숙한 것은 불쾌한 향이 나므로 완숙한 것을 고른다. 잎은 시들지 않고 싱싱한 것을 선택하며 잎이 너무 성장한 것은 거칠기 때문에 부드러운 것을 선택 한다.

7) 딜(dill)

(1) 원산지 및 특징

지중해 연안, 인도, 북아프리카가 원산지이며, 포르투갈, 스페인, 영국등지에서 재배하고 있다. 미나리과에 속하는 방향성 향신료로 잎은 회향과 닮았으며 향은 아니스와 캐러웨이 향과 비슷하다.

(2) 성분 및 효능

딜은 전체에서 독특한 향이 나기 때문에 꽃, 잎, 줄기, 종자를 허브로 사용하는데 생선요리와 해산물 요리, 피클, 해산물 소스와 드레싱에 많이 사용한다. 잎은 꽃망울이 생기기 전에 수시로 수확하며, 열매는 황갈색이 되면 송이 째 잘라 바람이 잘 통하는 볕에 건조시킨 뒤, 그늘에서 완전히 말려 씨를 털어내고 습하지 않는 곳에 방습제를 넣어 보관하였다가 사용한다. 씨는 소화, 진정, 최면 효과가 뛰어나다. 잎의 정유가 비린내를 제거해주기 때문에 생선요리나 해산물요리에 넣는 대표적인 허브이다.

(3) 선택 및 저장법

잎이 너무 피지 않고 싱싱한 것과 줄기가 굵지 않은 것을 고른다. 냉장고에 보관한다.

8) 오레가노(oregano)

(1) 원산지 및 특징

유럽에서부터 서아시아가 원산지이며 꿀 풀과에 속하는 여러해살이풀로 마조

램과 유사한 향이 난다. 꽃이 핀 후에 잎을 수확한 것이 향이 좋다.

(2) 성분 및 효능

잎은 꽃이 피기 전에 수확하여 건조시켜 잎을 향신료로 쓴다. 오레가노의 독특한 향과 쓴맛은 토마토요리에 잘 어울린다. 토마토를 이용한 이탈리아요리, 소스, 특히 피자에는 빼놓을 수 없는 향신료이다. 스파게티, 비프스튜, 양고기요리, 토마토소스, 드레싱에도 많이 쓰인다.

배 멀미, 불면증, 신경성 두통에도 효과가 크며 지중해연안 여러 나라와 미국에서 널리 재배되고 있다.

(3) 선택 및 저장법

잎이 크지 않고 연하고 부드러운 것을 고른다. 줄기는 거칠지 않고 향이 좋은 것을 고른다.

9) 세이지(sage)

(1) 원산지 및 특징

남부 유럽과 지중해 연안이 원산이며 세루비아 과에 속하며 다년생 식물이다. 쑥과 유사한 향이 나며 쓴맛을 가진다. 세이지는 약용 살비아라고도 한다. 세이지줄기는 사각형으로 높이 30~90cm이고 전체에서 향기가 난다. 잎은 마주 나고 잎자루가 짧다. 잎 뒷면은 줄기와 함께 백색 털이 있어 회록색이고 표면은 망상의 잔주름이 있다.

(2) 성분 및 효능

세이지는 고기의 냄새를 제거할 때 효과적이어서 소시지나 햄버거를 만들 때, 돼지고기와 송아지 요리, 야채조림, 콩 수프, 샐러드드레싱 등에 이용되며 가금류에도 많이 사용한다.

특히 뇌와 근육을 강화시켜 장수에 도움이 되는 약초로 여긴다. 풀 전체에서 향기가 나며, 5~7월에 자주색 꽃이 피고 8월에 잎을 따서 생이나 그늘에 말려 사용한다. 위장에 좋고 입 냄새 제거나 목이 아플 때, 입안이나 목에 염증이 있을 때 특히 효과가 있는 것으로 전해진다. 잎에는 약 2%의 정유가 함유되어 있는데 정유의 주성분은 알 파피넨, 세스퀴테르펜, 보르네올 등이다. 쑥과 유사한 신선한 향기를 가지며 쓴맛과 매운맛이 약간 난다.

(3) 선택 및 저장법

잎이 피지 않고 싱싱하며 향기 좋은 것을 고른다.

10) 타라곤(tarragon)

(1) 원산지 및 특징

지중해 연안, 남유럽이 원산지이다. 프렌치종과 러시아종이 있으며 요리에 사용하는 것은 프렌치종이다. 다년생으로 잎이 길고 가늘며 꽃은 작고 단추같이 생긴 모양이다. 타라곤 줄기는 50~90㎝ 자란다. 잎은 윤기가 나고 좁고 가늘고 길며 녹색을 띠며 조그만 꽃봉오리가 맺히지만 꽃이 피지 않아 열매는 맺지 않는다.

(2) 성분 및 효능

타라곤은 프랑스인들이 향신료의 여왕으로 여길 만큼 달콤한 향기와 매콤하고 쌉쌀한 맛은 일품이다. 프랑스요리에 필요한 향신료로 주로 잎을 사용한다. 잎에는 요오드, 미네랄, 소금 그리고 비타민 C가 풍부해 비타민 결핍증의 치료약으로도 사용됐다. 타라곤을 생으로 씹으면 달콤한 향이 퍼지는데, 애피타이저로 사용하면 입맛과 원기를 돋우고 소화를 촉진하는 역할을 한다. 유명한 타라곤식초는 샐러드 드레싱, 소스, 마요네즈에 사용하면 좋은 맛을 낼 수 있다. 타라곤은 홀렌다이즈소스를 만들 때에 사용하면 좋다.

(3) 선택 및 저장법

잎이 거칠지 않고 부드러운 것이 좋으며 향이 좋고 싱싱한 것을 고른다.

2 스파이스(spice)

스파이스는 나무의 껍질, 열매, 뿌리 등 향을 가지고 있거나 냄새 제거용으로 사용한 것을 말한다. 스파이스의 효과는 조미의 맛, 풍미 부여, 부패균 증식, 병원균 증식억제 방부제로써 효과, 산화방지, 소화효소 활성화, 약리효과 등으로도 이용한다.

1) 고추(chlili pepper)

(1) 원산지 및 특징

아프리카지역의 열대지역이 원산지이며 전 세계에 재배되고 있다. 가지과에 속하고 신미종과 감미종으로 나누는데 동양에서는 주로 신미종이다. 임진왜란 이후 1600년대 초반 일본으로부터 전래되어 한국에 들어 왔으며 원산지에서는 여러해살이풀이지만 우리나라에서는 겨울을 나지 못하므로 한해살이풀처럼 기른다. 우리나라 대표적 음식 양념재료이다.

(2) 성분 및 효능

매운맛 성분은 캡사이신과 디히드로 캡사이신 성분이다. 신미료의 대표적인 것으로 열매의 종자 이외에 잎도 사용한다. 한국에서는 고추장 주재료이며, 고춧가루는 김장할 때 많이 사용한다.

(3) 선택 및 저장법

껍질은 맑고 윤기가 있는 것을 고르며 꼭지가 단단하게 붙어있고 씨가 적은 것이 좋다.

2) 후추(pepper)

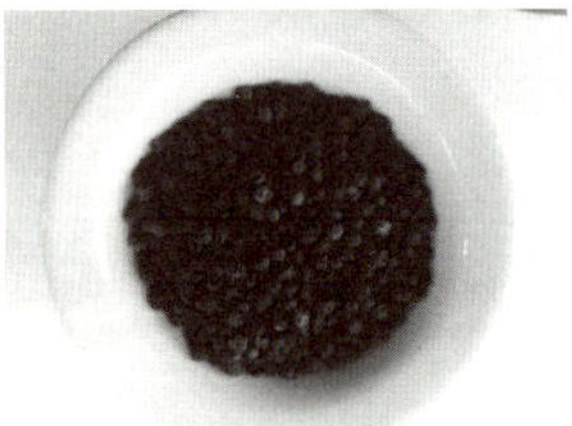
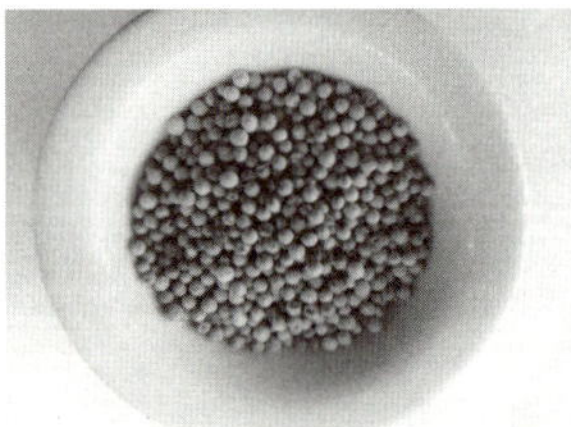
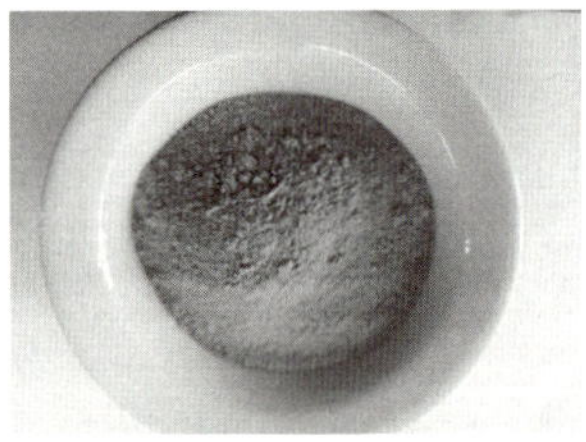

(1) 원산지 및 특징

후추는 후추과에 속하는 다년생 넝쿨식물로 인도 남부가 원산지이며 말레이시아, 인도네시아 등지에서 많이 재배되고 있다.

인도에서의 생산량이 30% 정도 생산량을 차지하며 흰 후추, 검은 후추, 초록 후추, 분홍색 후추가 있다.

(2) 성분 및 효능

후추의 매운맛 성분은 피페린, 차비신이며 검은 후추가 맵고 백 후추는 검은 후추의 1/4 정도이다. 성숙하기 전 열매를 따서 건조시킨 것을 검은 후추라 하고 성숙한 열매의 껍질을 벗겨서 건조시킨 것을 흰 후추라 한다. 주로 후추는 가루 내어 이용하며 통으로 이용하기도 한다. 후추는 갈아서 사용하는 것이 신선한 향기를 즐길 수 있다.

흰 후추는 후추가 익으면 껍질을 벗겨 건조시킨 것이 백 후추이며 향기 매운

맛, 모두 검은 후추보다 순하다. 주로 해산물과 흰 생선요리, 수프에 사용한다.

흑 후추는 검게 익기 전에 열매를 따서 건조한 것이며 향기와 매운맛이 강하다. 주로 육류요리에 사용한다.

분홍색 후추는 부드러운 향과 매운맛이 나는 열매이며 후추나무가 아닌 다른 나무에서 열리며 후추처럼 사용된다.

초록색 후추는 덜 익기 전에 수확하여 말리거나 소금물이나 식초에 담가 보존하며 이 후추는 순하지만 향이 강하다. 주로 생선, 닭고기, 파스타, 수프, 샐러드 드레싱 요리를 만들 때 사용한다.

(3) 선택 및 저장법

외관상 손상이 없는 용기에 담겨져 있고 부패, 변질에 의한 썩은 냄새가 나지 않으며 이물질이 없는 것을 선택한다.

3) 마늘(garlic)

(1) 원산지

마늘은 백합과에 속하는 채소로 원산지는 중앙아시아이며 우리나라는 고려시대 이전부터 심기 시작하였다. 우리나라 마늘은 남해안과 섬 지역에서 재배하는 조생종과 기온이 낮은 내륙지역에서 재배되는 만생종이 있으며 만생종은 맵고 양념용으로 사용한다.

(2) 성분 및 효능

마늘의 성분은 수분이 61%, 탄수화물 20～30%, 단백질은 3%, 그 외 무기질인 칼슘, 칼륨, 마그네슘, 인, 비타민 B를 포함한다.

마늘의 매운맛은 알라신이며 신진대사를 돕고 콜레스테롤 수치를 낮추며 향균, 살균작용도 좋다. 마늘의 냄새는 정유 성분인 디아랄설파이드이다.

마늘은 조미향신료로 육류, 어류, 채소류의 불쾌한 냄새를 제거하고 돼지고기와 같이 먹을 때는 비타민 B_1의 흡수를 돕기 때문에 잘 어울린다. 마늘을 계속적으로 먹으면 심혈관 계통에 좋다.

(3) 선택 및 저장법

마늘이 6개씩 달려있는 육쪽 마늘이 마늘 중 품질이 가장 좋다. 마늘은 껍질이 엷고 단단하여야 하며 매운 향기가 있고 윤기가 흐르며 알이 차고 모양과 크기가 균일한 것이 좋다.

4) 생강(ginger)

(1) 원산지 및 특징

생강은 동남아시아가 원산지이며 마늘과 같이 널리 사용되는 향신료이다. 생강은 비교적 비옥하고 수분이 많은 토양에서 잘 자라며 중국과 인도에서 오랫동안 향신료로 사용되어 왔다.

(2) 성분 및 효능

생강의 매운맛은 진저론, 쇼가올이며 얼얼한 맛을 낸다. 정유를 추출해 식품과 향수 제조에 이용하며, 말려 갈아서 빵, 과자, 카레 요리, 소스, 피클 등에 사용한다. 또한 고기의 냄새, 생선 비린내 제거에 주로 사용하며 생강차로도 이용한다.

효능은 신진대사 소변을 잘나오게 하고, 소화기능을 돕고 위장을 튼튼하게 한다. 혈중 콜레스테롤을 내리고 동맥경화 예방과 심장병에 좋다.

(3) 선택 및 저장법

섬유질이 적으며 연하고 싱싱해 보이는 것을 고른다. 벌레 먹거나 썩은 부분이 없는 것, 검은 반점이 없는 것을 고른다. 고유의 매운 맛과 향기가 강하고 독특한 것을 선택한다.

5) 계피(cinnamon)

(1) 원산지 및 특징

원산지는 스리랑카 인도네시아이며 계수나무의 뿌리, 줄기, 가지 등의 껍질을 벗겨 건조시킨 것으로 이곳에서 생산되는 제품이 향이나 질적인 면에서 좋다. 계피는 4,000년이라는 가장 오래된 역사를 가지며 후추, 정향과 함께 세계 3대 스파이스 중의 하나이다.

(2) 성분 및 효능

성분은 면역기능이 있고 식욕을 돋구어주며 당뇨병 관리를 위해 포도당 대사를 돕는다.

계피가루는 빵, 페이스트리, 푸딩이나 케익, 과자류에 사용되고 껍질은 피클이나 절임, 뜨거운 음료에 사용된다. 우리나라에서는 수정과, 약과, 떡 등을 만들 때 주로 사용한다. 사과, 고구마, 호박과 잘 어울린다. 계피 기름은 향료로 쓰이기도 한다.

또한, 계피는 다른 산제와 배합되어 식욕 증진제, 건위제로 사용되고, 한방에서는 소화기와 순환기 질환, 급성 열병, 노인병 등의 약재로 쓰고 있다.

(3) 선택 및 저장법

계수나무 껍질을 24시간 발효 후 속껍질을 분리하여 건조한 것인데 어린줄기의 얇은 껍질을 사용하는 것이 좋으며 두께가 얇고 향기가 좋은 것이 품질이 좋다.

6) 클로브(clove)

(1) 원산지 및 특징

정향은 모르카 제도가 원산지이며 꽃이 피기 전의 봉오리를 따서 말린 것으로 스파이스 중에서 꽃봉오리를 사용하는 유일한 품종이며 진한 갈색의 못 같은 모양을 하고 있어서 영어의 클로브(clove)와 클루(clou)는 모두 못이라는 말에서 나온 말이다. 나무에 피어 있는 꽃을 옆에서 영어 "J"자 처럼 보이고 향기가 있기 때문에 우리나라에서는 정향이라고 한다. 꽃이 피기 전의 봉오리를 1cm 정도의 길이로 말린 것이며 향기가 강해 육류 냄새를 제거하는 데 효과적이다. 정향의 향은 휘발성이 아니기 때문에 조리할 때 처음부터 넣도록 한다. 봉오리를 건조시킨 것은 햄이나 고기에 그대로 찔러서 요리하고 가루는 스튜나 구운 과자에 이용한다.

(2) 성분 및 효능

성분은 육류의 냄새를 제거하고 햄과 고기에 꽂아 로스트구이에 사용하며, 소스나 육수 만들 때도 사용한다. 클로브는 위를 따뜻하게 하며 유제놀은 말초신경 마비시키는 효과가 있어 치통에 사용하며 치약에는 정유가 사용되고 있다.

(3) 선택 및 저장법

꽂이 피지 않은 것을 수확하여 말린 것을 고른다.

7) 넛맥(nutmeg)

(1) 원산지 및 특징

몰타제도, 동인도 제도, 서인도제도, 브라질, 말레이시아가 원산지이다. 넉맷은 과실의 씨앗인데 완전히 익으면 과육이 갈라지고 속에 선명한 적색의 껍질로 둘러싸인 흑갈색 껍질이 메이스이고 속에 씨앗이 있는데 이를 육두구라 한다.

(2) 성분 및 효능

맛은 단맛과 약간 쓴맛을 내는데 단맛은 쿠키, 케이크, 도우넛 같은 제빵에 잘 어울린다.

또한 육류 요리인 미트 소스, 햄버거, 미트 볼, 감자, 호박, 야채요리에도 잘 어울린다. 한방에서는 복통, 소화불량, 변비방지에 사용된다.

8) 터메릭(turmeric)

(1) 원산지 및 특징

인도, 대만, 인도네시아, 아프리카 원산지이며 인도, 스리랑카에서 대량 생산한다.

강황이라고도 하며 생강과에 속하고 다년생 식물이다. 인도에서는 매년 20~30만 톤을 생산한다.

(2) 성분 및 효능

착색성 향신료이며 노란색을 내는 성분은 커큐민이다. 커큐민은 알칼리에서는 적색을 띠고 산성에서는 황색을 나타내며 노란색 분말가루는 단무지, 착색료, 카레분 겨자의 중요한 재료로 사용된다. 요리에 사용할 때에는 마지막에 넣어야 쓴맛이 나지 않고 색깔도 변하지 않는다. 최근에는 항암효과, 치매예방효과, 다이어트효과, 항산화 노화방지에도 좋다고 알려져 있다.

(3) 선택 및 저장법

빛에 약하기 때문에 구입할 때 소량씩 구매 하는 것이 좋다. 밀폐된 용기에 담은 것을 구입하고 향이 쉽게 사라지기 때문에 오래된 것은 묵은 냄새가 나니 선택하지 않는다.

9) 스타 아니스(star anise)

(1) 원산지 및 특징

중국남부와 서남부 그리고 베트남 북부가 원산지이다. 상록수 열매이며 팔각별 모양을 하고 향미가 아니스와 비슷하기 때문에 스타 아니스라 하며 교목의 익은 과일을 건조시킨 것이다.

(2) 성분 및 효능

성분은 아네톨이며 돼지고기, 오리고기, 닭고기 등 육류냄새 제거와 생선의 잡냄새 제거에도 좋으며 특유의 향을 가지고 있다. 중국요리에서는 빠질 수 없는 스파이스이며 특히 돼지고기요리에 향을 첨가하여 냄새 제거에 많이 사용하고 잘 어울린다. 피클을 담글 때도 사용한다. 스타 아니스로 만든 음식을 섭취하면 소화가 잘 되고 기침 기관지염에 좋다.

10) 쿠민(cumin)

(1) 원산지 및 특징

원산지는 지중해 연안과 토르키스탄이며 생산지로는 인도, 모로코, 우크라이나, 이집트, 멕시코, 터키 등이다. 일년생이며 스파이스로 이용되는 씨앗은 6mm 정도이며 카라웨이드씨와 비슷하고 황갈색이며 길쭉하게 생겼다.

(2) 성분 및 효능

카레와 체리파우더의 주성분이며 육류요리와 빵, 스튜, 소세지, 피클, 미트, 감자 요리등 다양하게 사용 하며 피클 담글 때도 사용한다. 정유의 주성분은 쿠민알데히드와 쿠미놀이다.

참고문헌

가강현 외 6인, 송이 감염묘를 이용한 송이 발생 및 발생활증 분석, 한국균학회지, 46:34−42, 2018.

강우원, 식품재료학, 보문각, 2014.

국립수산과학원 남해수산연구소, 다시마과 고수온 내성품종 개발, 2015.

국립수산과학원 해조류바이오연구소, 감태 양식기술개발, 2015.

김나영 외 7인, 생각하고 배우는 식품재료학, 2014.

김은미 외 5인, 식품재료학, 광문각, 2011.

김은미 외 5인, 식품재료학, 광문각, 2016.

김의근 외 3인, 세계음식문화, 백산출판사, 2011.

김준, 바다맛 기행, 자연과 상태, 2013.

김진 외 3인, 조리용어사전, 광문각, 2007.

김춘경 외 4인, 상담학 사전, 2016.

김혜정, 야생화&허브, 인테리어, 일진사, 2006.

노봉수 외 6인, food materials science, 수학사, 2013.

농촌진흥청, 약용버섯 재배, 표준영농교복 61(개정판), 삼미기획.

농촌진흥청, 약용버섯 재배, 표준영농교복 61, 삼미기획.

레이먼 킴, 레이먼킴 심플쿠킹 3, 생선과 소금, 위즈덤스타일, 2017.

박명윤 외 2인, 파워푸드 슈퍼푸드, 푸른행복, 2010.

박원만, 텃밭백과(유기농 채소 기르기), 들녘, 2012.

세화편집부, 화학대사전, 세화, 2001.

안창우 외 2인, 식품저장 및 가공, 한국방송통신대학교 출판부, 2013.

윤숙자 외 1인, 식품재료학의 모든 것, 백산출판사, 2016.

이정연, 허브, 김영사, 2004.

이창보기, 대한식물도감, 향문사, 1985.

이항복, 대한식물도감, 향문사, 1982.

전라남도 보건환경 연구원, 갯벌에 서식하는 함초의 기능성 성분, 2009.

정대교, 표고버섯 재배, 부민문화사, 1966.

정영도 외 11인, 식품재료 조리학, 지구문화사, 2000.

정호정, 내 미각을 사로잡는 104가지, 우듬지, 2011.

조재선 외 1인, 식품재료학, 문운당, 2007.
조재손 외 3인, 식품재료학, 광문각, 2012.
최수근 외 1인, 셰프가 추천하는 54가지 향신료 수첩, 우듬지, 2011.
최영전, herbs 대사전, 예가, 2008.
편집부, 식품재료사전, 한국사전연구사, 1998.
편집부, 한국민족문화대백과, 웅진출판, 1991.
표현구 외, 채소원예각론, 향문사, 1982.
하재옥 외 9인, 기초영양학, 수학사, 2016.
하헌수 외 1인, 식품재료학, 백산출판사, 2015.
한국균학회, 한국말 버섯이름통의안, 한국균학회지 6:43－55. 1978.
한국식품과학회, 식품과학기술대사전, 광일문화사, 2008.
현영희 외 3인, 식품재료학, 형설출판사, 2019.
홍진숙 외 6인, 식품재료학, 교문사, 2008.
홍태희 외 5인, 식품재료학, 지구문화사, 2014.
홍태희 외 6인, 식품재료학, 현대, 2010.
황지희, 생선 해산물 건강사전, 넥서스BOOKS, 2009.

yahoo(https://us.yahoo.com/)
네이버 지식백과(https://terms.naver.com/)
다음 백과(http://100.daum.net/)
한국학중앙연구원(http://www.aks.ac.kr)

식품재료학

초판 1쇄 발행 / 2020년 3월 6일
초판 2쇄 발행 / 2022년 1월 28일

공저 송주은 · 정수근 · 홍숙경
발행처 형설출판사
경기도 파주시 회동길 37-23 · 전화 (031) 955-2361～4 · 팩시밀리 (031) 955-2341
발행인 장진혁
등록 라-제9호 · 1962년 5월 1일
홈페이지 http://www.hyungseul.co.kr
e-mail hs@hyungseul.co.kr

정가 20,000원

ISBN 978-89-472-8382-3 93590

이 도서의 국립중앙도서관 출판시도서목록(CIP)은 서지정보유통지원시스템 홈페이지(http://seoji.nl.go.kr)와 국가자료공동목록시스템(http://www.nl.go.kr/kolisnet)에서 이용하실 수 있습니다.(CIP제어번호 : CIP2019050030)

식품 재료학

Food materials science